増補改訂
量子分光化学
分光分析の基礎を学ぶ

河 合 潤

アグネ技術センター

Quantum Spectrochemistry
–Basic Study of Spectrometry–
Second Edition

Second Edition, 2015
First Published, 2008
© Jun KAWAI, 2008, 2015
Printed in Japan
AGNE Gijutsu Center, Tokyo
ISBN978-4-901496-75-9

増補改訂版 まえがき

　本書は分光分析化学の教科書です．2008年末の初版発行直後から分光学会の「分光研究」誌やアマゾン・カスタマーレビューなどで大変好評をいただきました．分析化学会の「ぶんせき」誌では「大学の学部生のころに量子化学の授業を受け，その後も多少量子化学や量子分光化学の勉強を続けてきたつもり」の評者には「これまで見たり聞いたりしたことのないことばかり」だという書評をもらいました．本書初版を執筆するに当たって心がけたことは，入門より少し進んだ分光化学の教科書を目指したことです．今回の増補改訂では初版の誤りを訂正するとともに，コンプトン散乱の波動論的な導出などについて補足しました．大吉清貴，向山 毅（京大化研），波戸芳仁（KEK），弓削是貴（京大工）の各先生には有益なコメントを頂きました．講義で質問してくれた京大物理工学科の毎年の3回生諸君には改訂の参考となる質問をもらいました．ここに感謝いたします．

2014年12月　　　　　　　　著　者

まえがき（初版）

　本書は分光分析化学の教科書です．しかし分光学の基礎としての量子力学は決しておろそかにしたつもりはありません．分光的手法によって，化学物質や材料の化学状態や空間分布を測定するためには，量子力学の知識が基礎として必要だからです．ある講演会で，磁性多層薄膜を円偏光X線を用いたX線光電子分光によって研究している招待講演者に「エネルギー準位図の中で矢印が上向き（アップスピン）と下向きという話がありましたが，具体的に up というのはそのナノ多層薄膜の中でどの向きに矢印が向いていることですか？」という質問をしたところ，そんなことはこれまで考えたこともなかったようで絶句してしまい，答えてもらえませんでした．別の機会に同じ質問を別の講演者にすると，上とか下というのは抽象的なものなので，実際にナノ薄膜の実空間の中でどうこう言えるものではないという回答でした．私自身，彼らが何を言おうとしてそういう図を描いているのか知りたいと思ったから質問しているのですが，この質問に答えられる人には本書は必要ないでしょう．ベクトルの矢印は，物理現象としては渦を表している，ということは本書で何度も説明しましたが，多くの人はこのことを忘れているようです．

　研究室で学生が使っている量子力学のテキストの，たまたま開いているページを見ると，次のような一節がありました：「Planck は，熱放射を説明するために，光のエネルギーは振動数 ν の定数倍しかとり得ないという量子仮説を提唱した．$E = h\nu$」この説明が間違いだとすぐにわかった人もこの本を読む必要はありません．正解は，朝永振一郎の「量子力学I」（本書第1章の参考文献 [4]）の p.33 に書いてあります：「… Planck の公式が得られる．ν という振動数を有する振動系のエネルギーは，$h\nu$ なる値の素量から構成されるのであって，したがって，そのエネルギーの値は，$h\nu$ の整数倍 $E = nh\nu$, $n = 0,1,2,\cdots$ だけしかとることができない」．上で引用した教科書の著者は，電磁場の量子化において調和振動子が重要な役割をはたすことを理解していないに違いありません．

まえがき

　大学の教科書というものは難解なものと決まっていましたが，最近はわかりやすい良い本が増えてきました．物理の本質をわかりやすい例で説明し，本質的な理解に容易に到達するようにしてくれる本が多くあります．一方で，こうした入門教科書では，高校の数学の問題集のように計算規則を暗記して類題をこなすものも多いような気がします．これはちょうど$(-1)\times(-1)$がなぜ$+1$になるのか理解せずに暗記して，$(-5)\times(-7)$のような計算練習をするのに似ています．こういう練習本は大歓迎ですが，どうして$(-1)\times(-1)$が$+1$になるかを心から理解することもまた大切だと思います．量子力学は完成された学問分野で，練習問題をこなして習得する教科であると多くの人が考えているように感じます．でもまだ，根本的な問題がいろいろと残っているので，練習問題で新鮮な頭を慣らしてしまってはもったいない気がします．だから本書ではあまり頭を慣らすようなことはしない方針をとりました．

　本書は，2005年に丸善から出版した「熱・物質移動の基礎」の続編という位置づけを持っています．前著では非平衡系の熱力学を，日常の熱や物質移動を工学的に扱う場合に必要となる「教養」として述べました．流体力学などの計算シミュレーションプログラムを実際に使うための「教養」です．厳密な数学を使わないアバウトな記述が好評を得たようです．今回の本書も分子軌道計算のような量子力学計算プログラムや分光器を実際に扱うための「教養」を意図しました．分子軌道計算も分光測定もともに深い理解がなくても画面クリックだけで誰にでも簡単に使える時代になったからです．分子軌道法などの量子力学計算プログラムを使い始めたら，本書にあるように，実際に2×2行列程度の簡単な場合についてでもよいので，紙と鉛筆で計算してみることが大変重要です．最近は誰でも簡単に分子軌道計算できるため，基礎（＝「教養」）のない人が分子軌道計算を行ない，一流の専門雑誌に投稿してあたかも学術論文であるかのような体裁で出版されることが多くなってきました．そういう論文を読むと，明らかに間違った記述や，間違いがない論文でも，他人の論文をわずかに改良した研究が多いものです．だから，そういうナイフを少しだけ研ぐような論文では肝心な部分は他人の論文の丸写しなので間違いがないのはあたりまえです．でもそういう論文では一番重要な点を「これは多体効果によると考えられる」とごまかしています．

　本書では一々個別の分光法の記述はしませんでしたが，様々な量子分光法の教養基礎を記述したつもりです．シンクロトロン放射光を用いて最先端の分光実験を行なっている人にも「教養」として読んでもらうことを意図しています．

できるだけ天下り式の記述を避けて，それぞれの式がどういうアイデアで出てきたかについても高校の物理レベルに戻って記述しました．高校の物理の教科書を傍らにおいて読めば円偏光もラマン散乱も理解できることがわかるはずです．量子力学や量子化学の初歩を学んだ学生が，もう少し進んだ量子力学を学びたいと言う場合のガイドになることも意図しています．量子力学を勉強する大きな理由は，頭をやわらかくすることでもあります．本書はだからあくまでもガイドで，もっと本格的な量子力学の教科書に取り組むきっかけとなってほしいと思っています．

各章の初めにはポアンカレ（1854-1912）の本から関連の深い文章を抜粋して引用しました．出典は以下の本です．

[1] Henri Poincaré: La science et l'hypothese, 1902. ポアンカレ著，河野伊三郎訳「科学と仮説」岩波文庫，青902-1，1938年，1959年改訳．

[2] Henri Poincaré: La valeur de la science, 1905. ポアンカレ著，吉田洋一訳「科学の価値」岩波文庫，青902-3，1977年．

[3] Henri Poincaré: Science et Méthode, 1908. ポアンカレ著，吉田洋一訳「科学と方法」岩波文庫，青902-2，1953年．

本書は，上述したように100ページ程度で分光分析のための分光学に現れる量子力学を理解するための教科書です．2007年後期に京都大学工学部物理工学科3回生へ行なった講義ノートに基づいています．この3回生への講義の半年前の2007年前期に，修士1回生に対しても講義ノートを作りながら同じ講義を行ないました．2007年の大阪府立大学数理工学科（2007年）での集中講義でも本書の主要部分を講義に使いました．これらの講義で貴重なコメントをくれた学生諸君に感謝します．

本書の原稿の早い段階で，専攻の同僚の酒井明教授には物理的な内容をチェックしていただいたことに感謝します．統一性のない原稿を忍耐強く仕上げていただいたアグネ技術センターにお礼申し上げます．

2008年6月

河合　潤

目　次

増補改訂版　まえがき ……………………………………………………………… i
まえがき（初版）……………………………………………………………………… ii

第1章　X線のブラッグ回折とボーア–ゾンマーフェルトの量子化条件 …… 1
1. ボーア–ゾンマーフェルトの量子化条件　*1*
2. 単振動の例　*4*
3. 結晶によるX線の反射–ブラッグの式の例　*7*

参考書＋読書案内　*8*

Appendix　コンプトン散乱の波動論的な扱い　*12*

第2章　最小作用の原理と屈折 ……………………………………………… 13
1. デカルトの粒子説による光の屈折の説明　*13*
2. フェルマーの波動説による屈折の説明　*16*
3. 量子論の屈折　*17*
4. 群速度，波束，ハイゼンベルクの不確定性原理　*19*

Appendix　光子の質量，運動量，スピン　*22*

参考書・参考文献＋読書案内　*28*

第3章　シュレディンガー方程式・ハイゼンベルクの行列力学・流体力学 …… 33
1. シュレディンガー方程式の導出　*33*
2. ハイゼンベルクの行列力学　*35*
   2.1　励起水素原子の線スペクトル　*35*
   2.2　調和振動子と原子　*37*
   2.3　連続した2つの遷移　*38*
3. 流体力学との類似性　*40*

参考書・参考文献＋読書案内　*40*

第4章　摂動論とイオン結晶 ………………………………………………… 47
1. 時間に依存しない摂動　*47*
2. イオン結晶への応用　*50*

参考書・参考文献　*54*

Appendix　水素原子の波動関数　*55*

第5章　黒体放射と時間を含む摂動：レーザー，光学遷移 ……………… 57
1. レーリー–ジーンズの式における $\int \to \sum$ への入れ替え　*57*
2. アインシュタインの遷移確率（1916年）　*58*

3. He-Ne レーザー　*60*
       4. 時間に依存する摂動　*61*
    参考書・参考文献　*64*

第6章　調和振動子：WKB近似，場の量子化 ……………………………… *67*
    1. 調和振動子　*67*
    2. 生成・消滅演算子による調和振動子の扱い　*69*
    3. 調和振動子のWKB近似による取り扱い　*71*
    4. 電磁場の量子化　*73*
    参考書・参考文献　*75*

第7章　遷移金属化合物の電子分光 ……………………………………………… *77*
    参考書・参考文献　*83*

第8章　対称性：分子の対称性と有限群 ……………………………………… *85*
    参考書・参考文献　*92*
    Appendix　群の定義　*93*

第9章　赤外分光，スメカル－ラマン分光，電子と電磁波の相互作用 ……… *95*
    1. 振動スペクトル　*95*
    2. 分子の回転の量子化　*96*
    3. スメカル－ラマン分光　*97*
    4. 電磁場と電子の相互作用　*98*
    5. クラマース－ハイゼンベルク方程式　*101*
    参考書・参考文献＋読書案内　*102*

第10章　対称性：スペクトルの多重項構造と無限群，角運動量 ……………… *105*
    参考書・参考文献＋読書案内　*116*

増　補 ……………………………………………………………………………… *120*
    (1)　ディラック方程式　*120*
    (2)　オイラー－ラグランジュ方程式　*121*
    (3)　$2p_{1/2}$ と $2p_{3/2}$ について　*123*
    (4)　3章 p.46, 問1 の答　*124*
    (5)　等角反射　*127*
    (6)　4章のレポート問題　*130*

あとがき …………………………………………………………………………… *135*
索　引 ……………………………………………………………………………… *137*

第1章　X線のブラッグ回折とボーア–ゾンマーフェルトの量子化条件

> 「なぜスペクトル線が規則正しい法則に従って分布されているのか．これらの法則は実験家たちによってそのもっとも細部にいたるまで研究され，きわめて精密な，また，比較的単純な法則である．この分布の最初の研究は音響学に登場する和音を思わせるものがあるのだが，…．日本の物理学者長岡氏は最近一つの説明を提案した．氏によれば，原子は一つの大きな陽電子とそれを取り巻くきわめて多数の小さい陰電子から成る環とでできている，というのである．」［価値(1905) pp.216-217，長岡模型の提案は1904年］

　ブラッグ回折のような簡単な式によって量子力学の本質を理解することができる．ブラッグ（Bragg）の回折条件の式 $2d\sin\theta = n\lambda$ は，X線が波であることの証明だと考えられているが，粒子が結晶と衝突する際の運動量保存則を使っても導出できることを学ぶ．

1.　ボーア–ゾンマーフェルトの量子化条件

　ニュートンの運動方程式 $\boldsymbol{F} = m\boldsymbol{\alpha}$ を，形式的にそれと等価な方程式で表す方法には，いろいろな方法があるはずである．その中で代表的なものが，ハミルトン（Hamilton）の方程式［後述の式（1a）と（1b）の組］やオイラー–ラグランジュ（Euler-Lagrange）の方程式（p.3）である．ニュートンの方程式に比べて，これらの方程式は見かけは複雑であるが，例えば $(x, y, z) \to (r, \theta, \phi)$ のような変数変換に対して方程式の形が変わらないという特徴がある．加えて，力というベクトルの代わりに，運動エネルギーと「仕事関数」（昔は「ポテンシャルエネルギー」のことを「仕事関数」と呼んだ）の和や差というスカラーを使って表されるという特徴がある．こうした2つの特徴のため，古典力学の問題を解くにはか

えって便利な場合が多い．ハミルトン方程式やラグランジュ方程式（「オイラー」を省略する場合もある）を使って力学の問題を扱う分野を解析力学と呼んでいる．

原子・分子の分光では，原子の電子準位にもとづくX線スペクトルや，分子振動による赤外スペクトルを扱う．これらのスペクトルは調和振動子のような等間隔ではない．したがって調和振動子の重要性を軽視しがちである．原子・分子から発生する電磁波はみな，ゆっくり指数関数的に減衰する正弦波（sin関数）からなっている．すなわち，電磁波の発生源は，質量と電荷を持った粒子がバネ振動（すなわち調和振動）をしているとみなすことができる．

本節では，調和振動（単振動）が，① ボーア−ゾンマーフェルト（Bohr-Sommerfeld）の量子化条件（解析力学の量子化），② シュレディンガー方程式，③ 生成・消滅演算子，④ 行列，を使って扱うことができるのを概観する．これらの方法は，後の章で改めて詳しく論ずるので，ここではざっとした感触をつかむことが重要である．

ハミルトン方程式やラグランジュ方程式に相当する新しい方程式を見つけることができれば，同じ単振動を今までにない別の見方で解釈しなおすことも可能であろう．そんなことができないか考えてみるのも無駄ではないと思う．

ボーア−ゾンマーフェルトの量子化条件と呼ばれている後述の式（2）は，1911年の第1回ソルベイ会議ではじめて議論された[1]．プランク（Planck）の振動子が位相空間 $[(p,q)$ 座標］において面積 $\iint dq dp = nh$ をもつ楕円上だけを動くという解釈がプランクとポアンカレ（Poincaré）によって議論されたのがきっかけである（p, q はそれぞれ運動量と座標，h はプランク定数，n は整数）．この会議でゾンマーフェルトは作用（h）の量子化に関して発表した．その後，1915年にウィルソン（Wilson），1916年にゾンマーフェルトの論文が出版された．前期量子論の時代には，次の2つの量子化規則によって実験を説明し，ほぼ成功した．そのうちに細かな点でこれらの量子化条件では説明がつかない点が出てきたことが，シュレディンガー（Schrödinger）方程式や行列力学の発見のきっかけとなった．ボーア−ゾンマーフェルトの量子化条件あるいはゾンマーフェルト−ウィルソンの量子化条件と呼ばれる量子化条件では，以下の2つの規則

を順に力学系に当てはめる．

規則1. 古典的ハミルトン形式の運動方程式を書き下す．

n 個の粒子の運動方程式は，ハミルトニアンで表すと，

$$\frac{\partial H}{\partial p_k} = \dot{q}_k, \tag{1a}$$

$$\frac{\partial H}{\partial q_k} = -\dot{p}_k. \tag{1b}$$

ここで，q_k は一般化された座標で $k = 1, 2, 3, \cdots 3n$．p_k は一般化された運動量である．ハミルトニアン $H = T + V$（T は運動エネルギー，V はポテンシャルエネルギー）で表す運動方程式では，p や $\dot{p}$ は独立した変数のように考えて形式的に計算する．例えば運動エネルギーは $\frac{1}{2}mv^2$ ではなく形式的に $\frac{p^2}{2m}$ のように p の関数として表し v を使わない．

速度と位置の関数であるラグランジアン $L = T - V = \frac{m}{2}\dot{x}^2 - V(x)$ をつくり，$\dot{x}$ の関数として表し，オイラー–ラグランジュの方程式 $\frac{d}{dt}\left(\frac{\partial L}{\partial \dot{x}}\right) - \frac{dL}{dx} = 0$ を満たすとしてもニュートンの運動方程式と等価になる．この場合には，p ではなく $v = \dot{x}$ を使って表す．

式 (1) の2つの方程式は，ニュートンの運動方程式を一般化したもので，運動量保存則とエネルギー保存則を同時に満たす．例えばバネ振動を考えたとき，$H = \frac{1}{2}mv^2 + \frac{1}{2}kx^2$ なので，$\frac{\partial H}{\partial p} = \frac{\partial}{\partial (mv)}\left(\frac{1}{2m}(mv)^2 + \frac{1}{2}kx^2\right) = v$ となって式 (1a) になる．また $\frac{\partial H}{\partial x} = \frac{\partial}{\partial x}\left(\frac{p^2}{2m} + \frac{1}{2}kx^2\right) = kx$ であるが，ニュートン（Newton）の運動方程式は $m\dot{v} = -kx$ なので式 (1b) となる．

一般にハミルトン形式とニュートンの運動方程式（マクスウェルの方程式とも）は等価である．したがって未知の方程式を発見したいときに，その方程式が物理的に意味を持つならハミルトン形式の方程式を満たすであろうと予想して発見的に探査するのが早道である．ラグランジアンも同じように発見的に使わ

れるが，ハミルトニアンは運動エネルギーTとポテンシャルエネルギーVの和をxとpで表したものなので簡単な形をしていて使いやすい．

規則 2. 量子論的な<u>定常状態</u>は式 (1) の (p,q) の古典軌道が次の関係を満たすときである．

$$\oint p_k dq_k = n_k h . \tag{2}$$

ここで式 (2) の左辺は作用積分（action integral）とよばれる．

式 (2) は周期的な系でのみ計算可能で，式 (2) の積分は多重周期運動の1周についてエネルギーを一定にして積分する．量子化された軌道の形は座標系によるがエネルギーは座標系によらない．横軸 q，縦軸 p で表した空間を位相空間と呼ぶ．式 (2) の作用積分は古典軌道 (p,q) の1周の軌跡で囲まれた面積を表す．

2. 単振動の例

単振動では，$x = a\sin\omega t$ とすれば（ここで $\omega = \sqrt{\dfrac{k}{m}}$），$p = m\dot{x} = m\omega a\cos\omega t$．したがって式 (2) は，$\oint p_k dq_k = \int_0^{1/\nu_0} m(\omega a\cos\omega t)^2 dt = \pi m\omega a^2 = nh$ となる．なぜなら，$pdq = m\dot{x}dx = m\dot{x}(\dot{x}dt) = m\dot{x}^2 dt = m(\omega a\cos\omega t)^2 dt$ だからである．したがって，振幅 a は $a = \sqrt{\dfrac{nh}{\pi\omega m}}$ に量子化されている．対応する単振動のエネルギーは，$E = T + V = nh\nu_0$ ($n = 0,1,2,\cdots$) となり，1/2 の零点振動エネルギーの分を除いて，現代量子論の結果 $E = \left(n + \dfrac{1}{2}\right)h\nu_0$ と同一となる．

式 (2) はド・ブロイ (de Broglie) の物質波の波長と運動量の関係式

$$p = h/\lambda \tag{3}$$

を用いると，$\oint pdq = \int_0^{2\pi r} \dfrac{h}{\lambda} dx = nh$，したがって，$2\pi rh/\lambda = nh$．∴ $2\pi r = n\lambda$．原子を周回する電子の軌道は電子のド・ブロイ波長の整数倍というボーアの量子化条件を満たしていることがわかる．

単振動のハミルトニアンは $H = \dfrac{1}{2}\left(\dfrac{p^2}{m} + kq^2\right)$ なので位相空間の中の楕円になる．式（2）の作用積分はこの位相空間における楕円の面積に等しい．

1次元の調和振動子のハミルトニアンは，$H = \dfrac{p^2}{2m} + \dfrac{1}{2}kx^2 = \dfrac{p^2}{2m} + \dfrac{1}{2}m\omega^2 x^2$．時間に依存しないシュレディンガー方程式は，古典的なハミルトニアンを書いておいて $p_j \to \dfrac{h}{2\pi i}\dfrac{\partial}{\partial q_j} = -i\hbar\dfrac{\partial}{\partial q_j}$ という演算子への置き換えを行なえばよいので，$-\dfrac{\hbar^2}{2m}\dfrac{d^2\psi}{dx^2} + \dfrac{1}{2}m\omega^2 x^2 \psi = E\psi$ が解くべきシュレディンガー方程式となる．$u = \sqrt{\dfrac{m\omega}{\hbar}}x,\ \varepsilon = \dfrac{2E}{\hbar\omega}$ と変数変換すると，$\dfrac{d^2\psi(u)}{du^2} + (\varepsilon - u^2)\psi(u) = 0$ となる．この形の微分方程式の解は exp とエルミート（Hermite）多項式の積で与えられることがわかっている：$\psi_n(u) = H_n(u)\exp(-u^2/2)$．$u$ を x に戻せば，

$$\psi_n(x) = A_n H_n\left(\sqrt{\dfrac{m\omega}{\hbar}}x\right)\exp\left(-m\omega x^2/2\hbar\right).$$

同じ問題を，消滅演算子 a と生成演算子 $a^\dagger$ を用いて解くこともできる．次のような演算子を考える：$a = \sqrt{\dfrac{m\omega}{2\hbar}}\left(x + \dfrac{ip}{m\omega}\right),\ a^\dagger = \sqrt{\dfrac{m\omega}{2\hbar}}\left(x - \dfrac{ip}{m\omega}\right)$．これらの演算子を用いてハミルトニアンを書き直す．このとき a と $a^\dagger$ との次のような交換関係に注意する．

$$[a, a^\dagger] = aa^\dagger - a^\dagger a = 1.$$

ここで 1 は数ではなく何も変化させない演算子である．この交換関係は，$[x, p] = i\hbar$ を使えば証明できる．この交換関係は後に詳しく説明する．結局，調和振動子のハミルトニアンは，$H = \hbar\omega\left(a^\dagger a + \dfrac{1}{2}\right) = \hbar\omega\left(aa^\dagger - \dfrac{1}{2}\right)$ となり，シュレディンガー方程式 $H|E_n\rangle = E_n|E_n\rangle$ に対して $E_n = \hbar\omega\left(n + \dfrac{1}{2}\right),\ (n = 0, 1, 2, \cdots)$ を得る（$a^\dagger a = n$ だから）．$n = 0$ のときのエネルギー $\hbar\omega/2$ は，放物線の底でも不確定性原理から位置が確定できないためのゼロ点エネルギーである．

電磁場を調和振動子で表すのが場の量子化である．光子は$\hbar\omega$を単位としてその整数倍の数の光子が吸収されたり放出されたりする．

【問 1】 $[x,p]=i\hbar$ を使って $[a,a^\dagger]=aa^\dagger-a^\dagger a=1$ を証明せよ．

【答 1】 $[x,p]=i\hbar$ を証明してみる．x も p も演算子で，$p=-i\hbar\dfrac{\partial}{\partial x}$ という演算子であるから，任意の関数 ϕ に作用させて，

$$[x,p]\phi=-i\hbar\left(x\dfrac{\partial}{\partial x}-\dfrac{\partial}{\partial x}x\right)\phi=-i\hbar\left(x\dfrac{\partial\phi}{\partial x}-\phi-x\dfrac{\partial\phi}{\partial x}\right)=i\hbar\phi$$ となるので $[x,p]=i\hbar$ が証明できた．

a と $a^\dagger$ を行列であらわすことも可能である．

$$a=\begin{bmatrix}0&1&0&0&\cdots\\0&0&\sqrt{2}&0&\\0&0&0&\sqrt{3}&\\0&0&0&0&\\ &\cdot&&&\\ &&\cdot&&\\ &&&\cdot&\end{bmatrix},\ a^\dagger=\begin{bmatrix}0&0&0&0&\cdots\\1&0&0&0&\\0&\sqrt{2}&0&0&\\0&0&\sqrt{3}&0&\\ &\cdot&&&\\ &&\cdot&&\\ &&&\cdot&\end{bmatrix}$$ とすればよい．したがって，

$$a^\dagger a=\begin{bmatrix}0&0&0&0&\cdots\\0&1&0&0&\\0&0&2&0&\\0&0&0&3&\\ &\cdot&&&\\ &&\cdot&&\\ &&&\cdot&\end{bmatrix}$$ が得られる．これは $a^\dagger a=n$ に相当する．

【問 2】 行列 $aa^\dagger$ を求めよ．

エネルギー $H=\hbar\omega\left(a^\dagger a+\dfrac{1}{2}\right)$ に相当する行列は，

$$H = \hbar\omega\left(a^\dagger a + \frac{1}{2}\right) = \begin{bmatrix} \frac{1}{2}\hbar\omega & 0 & 0 & 0 & \cdots \\ 0 & \frac{3}{2}\hbar\omega & 0 & 0 & \\ 0 & 0 & \frac{5}{2}\hbar\omega & 0 & \\ 0 & 0 & 0 & \frac{7}{2}\hbar\omega & \\ & & \vdots & & \end{bmatrix}$$ である.

【問3】 変位 x や運動量 p に相当する行列を，$a = \sqrt{\dfrac{m\omega}{2\hbar}}\left(x + \dfrac{ip}{m\omega}\right)$，$a^\dagger = \sqrt{\dfrac{m\omega}{2\hbar}}\left(x - \dfrac{ip}{m\omega}\right)$ から求めよ.

【答3】 $x = \sqrt{\dfrac{\hbar}{2m\omega}}(a + a^\dagger)$, $p = \sqrt{\dfrac{m\hbar\omega}{2}}(a - a^\dagger)$.

3. 結晶によるX線の反射－ブラッグの式の例

結晶によるX線の反射はX線の波動性を用いて証明されるが，量子論的に導くことも可能である．原理的には，粒子的な記述によって説明されている現象は，波動的に記述することが可能で，逆に波動性の証明と考えられている実験を粒子性で説明することも可能である．

格子間隔 d の結晶へX線が入射する場合を考える．光子の運動量は $h\nu/c$ だから，z 軸方向の光子の運動量成分は図1に示すように，$\dfrac{h\nu}{c}\sin\theta$ となる.

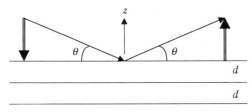

図1　　　　　図2　AB + BC − AD = $2d\sin\theta$

z軸方向を考えてボーア–ゾンマーフェルトの量子化条件を当てはめると $\oint p_z dz = n_z h$. z軸方向の繰り返しはdごとなので，デュアン（Duane, 1923）は1周積分を，$\int_0^d p_z dz = n_z h$ とすればよいことに気付いた．∴ $p_z d = n_z h$．許されるz軸方向の運動量は，$p_z = \dfrac{n_z h}{d}$ である．X線光子から結晶への運動量の移動は，z軸方向が逆転するので，$2\dfrac{h\nu}{c}\sin\theta$．これが結晶に許される運動量変化 $p_z = \dfrac{n_z h}{d}$ に等しいと置くと，$\dfrac{2h}{\lambda}\sin\theta = \dfrac{n_z h}{d}$（ただしここで$v/c = 1/\lambda$を用いた）．∴ $2d\sin\theta = n_z \lambda$ となりブラッグの式が得られた．波動論からブラッグの式を導く方法はたいていの教科書（例えば[16]）に出ている（図2）．

【問4】 ブラッグの式がボーア–ゾンマーフェルトの量子化条件から導くことができたと言うことは，シュレディンガー方程式からも，行列の交換関係からも導くことができる可能性を示唆している．本書の後半を学んだ後に実際にどうすればよいか考えてみよ．

参考書＋読書案内

ボーア–ゾンマーフェルトの量子化条件に関する参考書として

[1]　物理学史研究刊行会 編：「前期量子論」，東海大学出版会 (1970) の小川 劭による解説 pp.349-358.

[2]　ニールス・ボーア論文集2「量子力学の誕生」山本義隆 編訳，岩波文庫 (2000).

[3]　J. C. Slater: Quantum Theory of Atomic Structure I, McGraw-Hill, New York (1960).

[4]　朝永振一郎：「量子力学I」，みすず書房 (1952).

[5]　W. Wilson: The quantum-theory of radiation and line spectra, *Phil. Mag.*, **29**, 795-802 (1915).

[6]　A. Sommerfeld: Zur Quantentheorie der Spektrallinien, *Ann. Phys.* **51**, 1-94, 125-167 (1916).

[7]　石原 純の研究 [作用量子の普遍的意味, 東京数学物理学会記事, **8**, 106-116 (1915)]

が[5, 6]よりも早くしかもそれらに影響を与えた研究として重要な役割を果たしている．詳しくは，物理学史研究刊行会 編：「前期量子論」，東海大学出版会 (1970)．この本には[5]と[6]の和訳も収録されている．伏見康治：「光る原子，波うつ原子」，丸善 (2008) p.199 にも石原の研究の重要性が述べられている．

Duane によるブラッグの式の導出としてオリジナルは

[8]　W. Duane: The transfer in quanta of radiation momentum to matter, *Proc. Nat. Acad. Sci.*, **9**, 158-164 (1923).

William Duane(1900-1962)は米国の物理学者で，Duaneを記念してコロラド大学Boulder校にDuane Physical Laboratoriesがある[J. A. del Regato: William Duane, *Int. J. Radiation Oncology Biol. Phys.*, **4**, 717-729 (1978)]．Duaneの方法のわかりやすい解説は，

[9]　L. Pauling, E. B. Wilson, Introduction to Quantum Mechanics with Applications to Chemistry, McGraw-Hill (1935)．（Doverからリプリントが出ている）

[10]　A. Landé: Quantum Mechanics, Pitman, New York (1951).

などがある．Landéの本は絶版で大学の図書館で読んでほしい．Landéは多くの現象について粒子説と波動説とから同じ現象を説明している．Duane も Landé も独創的な研究を行なったが，ノーベル賞をもらわなかったので忘れられてしまった．

コンプトン効果は金属の自由電子（または軽元素の外殻電子）にX線を散乱させると散乱角に応じてX線のエネルギーが変化する現象である．ラマン散乱は，束縛状態（束縛電子）による散乱である．X線コンプトン散乱とX線ラマン散乱の違いは，自由電子による散乱か束縛電子による散乱かの違い．

[11]　A. H. Compton: The spectrum of scattered X-rays, *Phys. Rev.*, **22**, 409-413 (1923).

コンプトン効果の発見自体は，1922 年で *Phys. Rev.,* **19**, 267-268 (1922)にはドップラーシフトによる定性的な解釈が述べられている．粒子説による解釈への発展には Duane の考え方が大きく影響している．コンプトン効果は，静止電子にエネルギー $h\nu$ と運動量 h/λ を持った X 線粒子が衝突したときに，エネルギーと運

動量が保存すると仮定して実験結果を計算することができる．X線の粒子性を証明した実験と考えられている．しかし，ブラッグ反射と同様に，波動像と粒子像のどちらでも解釈することが可能である．波動像では，光速に比べて無視できない速度で動いている格子面でブラッグ回折するときドップラーシフトが起こるとして扱う（p.12 参照）．

エネルギー保存則
$$h\nu = \frac{1}{2}mv^2 + h\nu'. \tag{4}$$

運動量保存則
$$\frac{h}{\lambda} = \frac{h}{\lambda'}\cos\theta + mv\cos\phi, \tag{5}$$

$$\frac{h}{\lambda'}\sin\theta = mv\sin\phi. \tag{6}$$

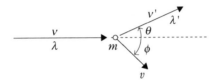

式 (5), (6) から ϕ を消去する．
$$\frac{m^2v^2}{h^2} = \left(\frac{1}{\lambda} - \frac{1}{\lambda'}\cos\theta\right)^2 + \left(\frac{1}{\lambda'}\sin\theta\right)^2. \tag{7}$$

式 (4) より $\nu = \frac{c}{\lambda}$ なので
$$\frac{hc}{\lambda} = \frac{1}{2}mv^2 + \frac{hc}{\lambda'}. \tag{8}$$

式 (7), (8) から v^2 を消去する．
$$\frac{2mc}{h}\left(\frac{1}{\lambda} - \frac{1}{\lambda'}\right) = \left(\frac{1}{\lambda} - \frac{1}{\lambda'}\cos\theta\right)^2 + \left(\frac{1}{\lambda'}\sin\theta\right)^2,$$
$$= \left(\frac{1}{\lambda} - \frac{1}{\lambda'}\right)^2 - \frac{2}{\lambda\lambda'}(\cos\theta - 1).$$

$\lambda \simeq \lambda'$ のとき 2 次の項 $\left(\frac{1}{\lambda} - \frac{1}{\lambda'}\right)^2$ を無視して，
$$\lambda' - \lambda = \frac{h}{mc}(1 - \cos\theta). \tag{9}$$

2章の式（C3）と上の（4），（5），（6）を相対論で表した式を用いても同じ結果を得ることができる．

コンプトン散乱のドップラーシフトによる扱いは，

[12] 湯川秀樹 監修，田中 正，南 政次 訳：「シュレーディンガー選集1」，共立出版 (1974) pp. 156-168；E. Schrödinger: Über den Comptoneffect, *Ann. der Phys.*, **82**, 257-264 (1927).

波動論的な扱いは，

[13] W. L. Bragg:「結晶学概論」，永宮健夫，細谷資明 訳，岩波書店 (1953, 1978): Sir Lawrence Bragg: The Development of X-Ray Analysis, G. Bell, London (1975), reprinted from Dover, New York.

ハミルトニアンとラグランジアンに関しては解析力学の次の本に詳しい解説がある．

[14] 髙橋 康：「量子力学を学ぶための解析力学入門」，講談社 (1978).

私が大学に入学した年に髙橋の本が発行された．どういうわけか吉祥寺の東急百貨店で前期の期末試験が終わった9月に購入してそれ以来何度も繰り返し読んできた．読むたびに新しい発見がある．薄い本で荒削りな本であるが奥が深い．インターネット書店 Amazon でもファンが多いのがよくわかる．

最近出版された本として，

[15] 江沢 洋：「解析力学」，培風館 (2007).

古典力学の本ではなく，量子力学の本である．大変わかりやすい．本書で後に取り上げるシュレディンガー方程式の流体力学的解釈に関しても詳しい解説がある (p.186).

[16] 日本分析化学会近畿支部 編：「ベーシック機器分析化学」，化学同人 (2008).

Appendix　コンプトン散乱の波動論的な扱い

この項は2章で自由電子の位相速度 [式 (A7)] と群速度 [式 (A8)] とを学んでから読むとよい.

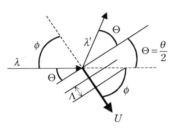

コンプトン散乱の波動論による説明はSchrödinger[12]によって1927年に与えられた. ここではそれをわかりやすく解説したLandé[10]に従って説明する.

波長 λ のX線が入射して電子が位相速度 U で動き出す. 自由電子の位相速度 U は1章の式 (5), (6) の群速度 v の1/2である. 電子の群速度は $v=p/m$, 位相速度は $U=p/(2m)$ と表される. $\phi + \Theta = 90°$, $\Theta = $ (p.10の図の θ)/2. 電子の確率波は, 波長 Λ の周期をもち位相速度 U で遠ざかるので, 以下のようにドップラーシフトとして解釈できる. 遠ざかる確率波に乗って見た入射光の波長 λ_0 は

$$\frac{c}{\lambda_0} = \frac{c - U\cos\phi}{\lambda} \tag{10}$$

にドップラーシフトしている. 一方, 2Θ の散乱方向から見た波長 λ' は,

$$\frac{c}{\lambda'} = \frac{c}{\lambda_0}\left[1 + \frac{U}{c}\cos(\theta+\phi)\right]$$
$$= \frac{c}{\lambda_0}\left(1 - \frac{U}{c}\cos\phi\right) \quad \left[\because \frac{\theta}{2} + \phi = 90°\right]$$
$$= \frac{c}{\lambda}\left(1 - \frac{U}{c}\cos\phi\right)^2 \quad [\because Eqn.(10)]$$

にドップラーシフトしている. 従って, 2次の項を無視すれば,

$$\cong \frac{c}{\lambda}\left(1 - \frac{2U}{c}\cos\phi\right)$$ であるが, $\cos\phi = \sin(\theta/2)$, $U = v/2$ なので

$\lambda' - \lambda = \dfrac{h}{mc}(1 - \cos\theta)$ を得る.

第2章　最小作用の原理と屈折

「物体の一つのシステムが t_0 の時刻にAの場所にあり，t_1 の時刻にBの場所にあるとすると，はじめの場所から終わりの場所に行くのに，t_0 と t_1 との両時刻の間では，いつでも二種のエネルギーの差の平均値（t_0 から t_1 まで積分して，この区間の長さで割ったもの）ができるだけ小さくなるような道を採る．これはハミルトンHamiltonの原理で，最小作用の原理の一つの形である」（仮説 p.151）

「最小作用の原理の命題自体が理知にとって何かしら反感を起こすものを有している．」（仮説 p.156）

「この分子は人がこの分子を連れて行こうとする点を知っていて，こうこうの道を通ってその点に到達するのに要する時間を見越していて，そのうえで最も適当な道を選ぶというように思われる．」（仮説 p.157）

「さて最小作用の原理は我々に何を教えるか．それは，システムが瞬間 t_0 に占めていた最初の位置から，これが瞬間 t_1 に占める最後の位置へ移るには，…『作用』（すなわち二つのエネルギー T と U との差）の平均値が，できるだけ小さくなるような道をとるはずだということを教えるのである．… こうしてラグランジュの方程式と呼ばれるものを得る．」（仮説 p.248）

1. デカルトの粒子説による光の屈折の説明

最小作用の原理（Principle of least action）とは，「作用」（＝エネルギー×時間）という物理量が最小となるような経路を粒子が運動するという物理法則である．特殊な場合が幾何光学におけるフェルマー（Fermat）の原理である．フェルマーの原理は，点Aから点Bへ光が伝わるとき，$\int_A^B n(x,y,z)ds$ を極小にする経路を伝播すると言うものである．ここで n は媒質の屈折率，ds は経路である．屈折率は真空中の光速度を1としたときの媒質中の速度の逆数を意味するので，$\int_A^B n(x,y,z)ds$ は $\int_A^B \frac{ds}{v(x,y,z)}$ に比例する．したがって，フェルマー

表1

波動説	粒子説
Pierre de Fermat (1601-1665)	René Descartes (1596-1650)
Christiaan Huygens (1629-1695)	
Robert Hook (1635-1703)	Issac Newton (1642-1727)
Gottfried Leibniz (1646-1716)	

の原理が決める経路は通過時間が最小（= 光学的な距離が最小）であることを意味する．

デカルト（Descartes）は1637年41歳のときに「方法序説」を出版した．この本は，「理性を正しく導き，学問において真理を探究するための方法の序説．加えて，その方法の試みである屈折光学，気象学，幾何学」［デカルト著，谷川多佳子 訳：「方法序説」，岩波文庫 (2001)] という500ページを超える大著である．その最初の78ページの序説の部分が「方法序説」として岩波文庫から出版されている．有名な「ワレ惟ウ，故ニワレ在リ」もこの方法序説の一節である．「幾何光学」では光の屈折が粒子説によって説明されている．「すべての物体は微粒子から構成され，空間はすべて『微細な物質』で満たされている」（谷川 訳）という光の粒子説と真空の否定がデカルトの特徴である．この粒子説はニュートンへと受け継がれた．

オランダのスネル（Willebrord Snel, 1580-1626）はデカルトが「幾何光学」を出版する16年前にスネルの法則（Snell's law）を発見した（スネルのラテン語名はSnelliusなのでスネルの法則のlは2重に綴られる）．

スネルは図1で媒質1から媒質2へ光が入射したとき，$\frac{\sin\theta_i}{\sin\theta_r}$ = 定数であることを実験的に見出した．

デカルトはボールがテニスのネットに引っかかって垂直方向のスピードだけが減速すると考えるとスネルの法則が説明できると考えた（図2）．水平方向のスピードは変化しないので，$v_1 \sin\theta_i = v_2 \sin\theta_r$ とおくと，

第2章 最小作用の原理と屈折

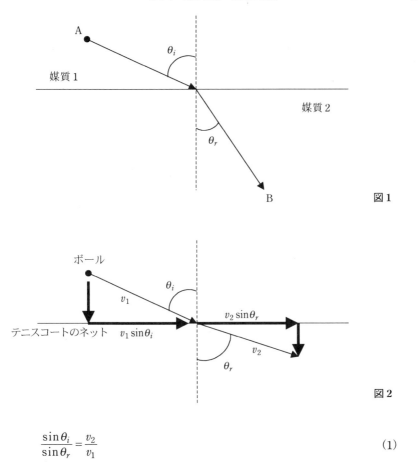

図1

図2

$$\frac{\sin\theta_i}{\sin\theta_r} = \frac{v_2}{v_1} \qquad (1)$$

となる．sin の比は，媒質1と媒質2の中のボールのスピードの比である．しかし空気から水へ光が進むとき，図1のように $\theta_i > \theta_r$ となるので，ネットで減速するのではなく，水中の方が光の速度が大きくなる．したがって光が粒子であるというデカルトの説では，低密度の空気中よりも，高密度の水中の方が光速度が大きい．1637年に出版されたばかりの「幾何光学」を読んでいたフェルマーは，何かおかしいことに気づいた．

　もちろん水中の方が高密度なので光の速度が速くなるのはおかしいと言うのはフェルマーの直感である．音速は 気体中 ＜ 液体中 ＜ 固体中 である．

2. フェルマーの波動説による屈折の説明

そこでフェルマーは，点Aを出発した波動（今なら量子）がBへ最短時間で到達する，と考えた．これがフェルマーの原理である．図3の記号を用いれば，

$\sin\theta_i = \dfrac{x}{\sqrt{h_1^2 + x^2}}$, $\sin\theta_r = \dfrac{d-x}{\sqrt{h_2^2 + (d-x)^2}}$ だからAからBへの時間は，

$T = \dfrac{\sqrt{h_1^2 + x^2}}{v_1} + \dfrac{\sqrt{h_2^2 + (d-x)^2}}{v_2}$ となる．フェルマーは微分のない時代に，極値の近くでは x が多少変化しても到達時間 T の変化がなくなることを用いて x を求めた．1682年にはライプニッツ（Leibniz）も微分法で同じ結果に到達した．T が最小となる x では，

$$\frac{\sin\theta_i}{\sin\theta_r} = \frac{v_1}{v_2} \qquad (2)$$

となる．式（2）は式（1）とよく似ているが，粒子説と波動説では，分母と分子が逆転している．

デカルトの粒子説によると，ネットに引っかかった光の粒子の水中の速度が空気中より遅くなるという直感との矛盾があるが，ニュートンは，界面を通過するときに面に垂直な力の作用を受けて法線成分を増大させると説明して，デカルトの説を支持した（図3右）．

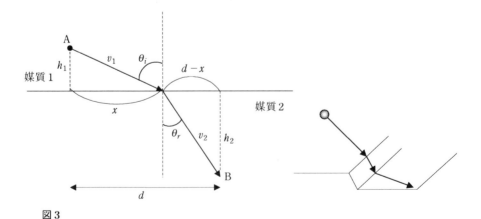

図3

3. 量子論の屈折

図4は粒子像と波動像で屈折を表したものである．波動像では波面の間隔が，上の媒質から下の媒質へ入射すると短くなる．周波数（1秒間の振動数）は変化しないので，粒子像とは逆に波面の進行スピード（位相速度）が減少することを意味している．波面の進行速度は位相速度 $v = \lambda \nu$ で表される．

電子が固体中から真空中へ出射する場合を考えてみよう．電子は波動像で解釈できるか粒子像で解釈できるかを調べる．固体，真空のポテンシャルをそれぞれ V_1, V_2 とする（真空中はポテンシャルゼロであるが V_2 として一般化して

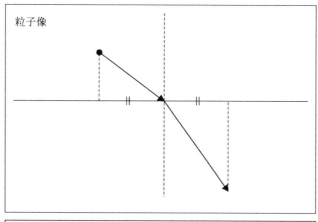

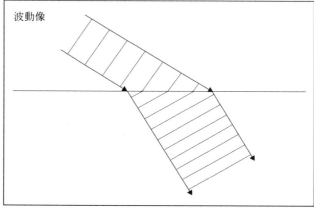

図4

おく).ポテンシャルエネルギーと運動エネルギーの和 E は一定なので,$\frac{1}{2}mv_1^2 + V_1 = \frac{1}{2}mv_2^2 + V_2 = E$ が成り立つ.この式から,媒質 1, 2 の中の電子の速度は,それぞれ,$v_1 = \sqrt{\frac{2}{m}(E-V_1)}$,$v_2 = \sqrt{\frac{2}{m}(E-V_2)}$ と求められる.v_1 と v_2 は粒子の進む速度(群速度)である.界面の通過の際に水平方向の速度は変化しないとすれば,$v_1 \sin\theta_i = v_2 \sin\theta_r$ なので,

$$\frac{\sin\theta_i}{\sin\theta_r} = \frac{v_2}{v_1} = \frac{\sqrt{E-V_2}}{\sqrt{E-V_1}} \tag{3}$$

を得る.電子は波動性と粒子性を持つが,分子・分母を比べると,式 (3) は屈折を光の粒子説によって説明したデカルトの式 (1) と一致し,電子は粒子であることがわかる.

一方,電子の存在確率は波動的ふるまいをする.波長 λ,周波数 ν の波の位相速度 v は,$v = \lambda\nu$ で表されるので,この式に $E = h\nu$ と $p = h/\lambda$ を代入すると,位相速度は

$$v = \frac{E}{p} = \frac{E}{\sqrt{2m(E-V)}} \tag{4}$$

となる.$E = h\nu$ と $p = h/\lambda$ はド・ブロイの関係式といわれる.光に成り立つこれらの関係式が物質粒子にも成り立つと考えた.粒子概念としてのエネルギー E,運動量 p と,波動概念としての波長 λ,振動数 ν との関係を表す.フェルマーによって得られた波動論における屈折の式 (2) に (4) を代入すると,$\frac{\sin\theta_i}{\sin\theta_r} = \frac{v_1}{v_2} = \frac{\sqrt{E-V_2}}{\sqrt{E-V_1}}$ となり,粒子論の式 (3) と同じ結果を得る.したがって,ポテンシャルによって電子が屈折する現象は粒子論によっても波動論によっても同じ結果となる.式 (3) の中の速度は**群速度**,式 (4) の中の速度は**位相速度**と呼ばれる.位相速度は単一の振動数の正弦波について定義でき,正弦波の波面の進行速度と定義できる.群速度は,正弦波の重ね合わせで合成波ができるときに,空間に局在した波の形が崩れずに進行する「かたまり」(波束,wave packet) の速度を表す.図 5 は正弦波とガウス関数を掛けて波束を表したもの

第2章　最小作用の原理と屈折

図5

である．

電子が粒子として伝わるのは，図5の波束が空間中を伝播することを意味している．

4. 群速度，波束，ハイゼンベルクの不確定性原理

銅の1s軌道電子にX線を当ててイオン化すると1s軌道に電子空孔が生じる．2p電子が落ちてその1s空孔が埋まるとKα線と呼ぶX線が放出される．2p電子と1s電子の結合エネルギーの差に相当するX線が発生する．これを2次X線あるいは**蛍光X線**と呼ぶ．2p電子が埋まるまでの空孔寿命は3×10^{-16}秒である．なぜなら，銅のKα_1線の線幅を精密に測定してみると2.0 eVなので（Kα線はスピン－軌道相互作用のために2：1の強度の2本に分裂する．強い方の線をKα_1線と呼ぶ），半値幅（FWHM, full width at half maximumの略）をJ単位で表すと，$2 \text{ eV} = 3.20 \times 10^{-19}$ J．ハイゼンベルクの不確定性原理 $\Delta t \cdot \Delta E \cong \hbar$ から空孔寿命が決まる．$h = 6.63 \times 10^{-34}$ Js あるいは $\hbar = h/2\pi = 1.05 \times 10^{-34}$ Js であることを用いると，$\Delta t = 3 \times 10^{-16}$ s となる．光速cは10^8 m/sなので，この空孔が存在している間に光は $c \times \Delta t = 10^{-7}$ m = 100 nm = 1000 Å 進む．銅のKα線の波長は1.54 Åなので，波束の半値幅（$2\sqrt{2\ln 2}\sigma$）の中には650周期（波束全体で10^3回の振動）の波が入っている．このくらい沢山の周期を含む波束はほとんど減衰が感じられないほど均一な正弦波と考えて差し支えない．電子が2p軌道から1s軌道へ遷移するとき，電子は10^3回も振動しながらエネルギーを真空中へ電磁波として放出する．ボーアは1s軌道や2p軌道の電子が振動していると考えたが，ハイゼンベルクは2pと1sの軌道の「間」で10^3回の振動が生じると考えた．

図5は正弦波にガウス関数を掛けたものである．したがって，この時間領域（横

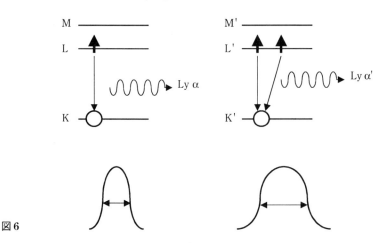

図6

軸がt)の波束をフーリエ変換すると,周波数領域(横軸がω)では,正弦波の周波数を頂点にもつガウス関数になる.時間領域のガウス関数の分散がσ^2なら周波数領域の分散は逆数,$1/\sigma^2$,になる.速度に比例する抵抗力を受ける減衰振動は,時間領域では指数関数的に減衰するので,そのフーリエ変換はローレンツ関数 $\dfrac{\omega_0}{(\omega-\omega_0)^2+\left(\dfrac{\Gamma}{2}\right)^2}$ で表される[6].ローレンツ関数の半値幅はΓ,ガウス関数の半値幅は $\sqrt{2\ln 2}\cdot(2\sigma)\cong 2\sigma$ なので,波束としてどちらの減衰振動を考えても半値幅はほとんど同じである.

　第3章の図2のライマン系列のスペクトル線について考察する.$2p \to 1s$ 遷移によって放射されるスペクトル線をライマンα線($Ly\alpha$)と呼ぶ.余分な電子がL殻にある場合とない場合について,線幅がどうなるか実験すると,電子が2個ある場合のほうがK空孔の寿命が短くなり,線幅は1個の場合の2倍になる.2個ある場合と1個の場合とで,スペクトル線がシフトするので,両方を観測することが可能である.

　一方,$K\alpha_1$ 線は $2p_{3/2} \to 1s$,$K\alpha_2$ 線は $2p_{1/2} \to 1s$ なので,$Ly\alpha'$ と $Ly\alpha$ の関係と同じである.$2p_{3/2}$の多重度は$2j+1=4$,$2p_{1/2}$の多重度は2だからである.しか

し，Kα_1とKα_2の線幅は等しく，2倍にならない．このことは，不確定性原理を軽々しく実際の現象へ応用すると大きな間違いをする可能性を示している．2p 空孔状態も 1s 空孔状態も励起状態であるが，Ly 線の場合には，1s に電子が入った状態は基底状態であるため，Ly 線では基底状態の寿命幅を考える必要がないが，Kα 線では，どちらも励起状態なので，両方の寿命幅の和をとらなければならない点が異なっている．

ロバートソン (H. P. Robertson) はワイル (H. Weyl) の "Theory of Groups and Quantum Mechanics", Dover (1931, 1950) の英訳者である．ワイルがプリンストンに滞在した 1928-1929 年にワイルの助手を務めた．その際，γ 線顕微鏡の仮想実験によらない不確定性原理の証明に気づいて発表した．現在では初等量子力学の教科書にはたいていロバートソンの証明が記述されている．X と P_x を位置と運動量とすると，

$$XP - PX = i\hbar I \tag{5}$$

が成立する．式 (5) は第 3 章の式 (12) で証明する．一般に

$$AB - BA = iC \tag{6}$$

という関係があるとき，

$$(\Delta A)^2 = \int \psi^* (A - \langle A \rangle)^2 \psi d\tau = \langle (A - \langle A \rangle)^2 \rangle = \langle A^2 \rangle - \langle A \rangle^2$$
$$(\Delta B)^2 = \int \psi^* (B - \langle B \rangle)^2 \psi d\tau$$

と定義できる．

$$(\Delta A)^2 = \int \left[(A - \langle A \rangle) \psi \right]^* \left[(A - \langle A \rangle) \psi \right] d\tau = \underline{((A - \langle A \rangle)\psi, (A - \langle A \rangle)\psi)}$$
$$= \int \left| (A - \langle A \rangle) \psi \right|^2 d\tau \qquad \text{[ベクトルの内積]}$$

なのでシュワルツの不等式

$$\left(\int |f|^2 d\tau \right) \left(\int |g|^2 d\tau \right) \geq \left| \int f^* g d\tau \right|^2$$

を使うと $\left[f = (A - \langle A \rangle) \psi,\ g = (B - \langle B \rangle) \psi \right]$，

$$(\Delta A)^2 (\Delta B)^2 \geq \left| \int \psi^* (A - \langle A \rangle)(B - \langle B \rangle) \psi d\tau \right|^2. \tag{7}$$

ここで，

$$F = \frac{F + F^\dagger}{2} + i \frac{F - F^\dagger}{2i} \tag{8}$$

を使うと，$F = (A - \langle A \rangle)(B - \langle B \rangle)$ と置けば，

$$(A - \langle A \rangle)(B - \langle B \rangle) = \frac{(A - \langle A \rangle)(B - \langle B \rangle) + (B - \langle B \rangle)(A - \langle A \rangle)}{2}$$
$$+ i \frac{(A - \langle A \rangle)(B - \langle B \rangle) - (B - \langle B \rangle)(A - \langle A \rangle)}{2i}. \tag{9}$$

右辺第1項 = F と置く．右辺第2項 = $i\frac{C}{2}$ となる．ここで $\langle A \rangle$ などは行列ではなく数として交換すること，および式 (6) を使った．したがって，F と C がエルミート行列なので，その期待値は実数になり，式 (7) は

$$(\Delta A)^2 (\Delta B)^2 \geq \left| \int \psi^* \left\{ F + i \frac{C}{2} \right\} \psi dt \right|^2 = \langle F \rangle^2 + \frac{1}{4} \langle C \rangle^2 \geq \frac{1}{4} \langle C \rangle^2$$

となる．したがって，式 (5) の関係を使うと，

$$\Delta X \cdot \Delta P \geq \frac{\hbar}{2}. \tag{10}$$

ハイゼンベルクの不確定性原理は，

$$\boxed{\Delta t \cdot \Delta E \geq \hbar, \ \Delta x \cdot \Delta p \geq \hbar} \tag{11}$$

であり，分母は因子2だけ異なる．式 (11) は仮想実験によって得られた結果であり，式 (10) は定義 $(\Delta A)^2 = \langle A^2 \rangle - \langle A \rangle^2$ に従って得られたものであり，より厳密な結果であるが，図5に示すように十分に長い波列の波束に対してはどちらでも大差はない．等号はガウス分布の場合に成立する．

Appendix　光子の質量，運動量，スピン
A　位相速度と群速度

　光子のエネルギー E，運動量 p，波長 λ，振動数 ν，位相速度 c の間には次の

関係がある．

$$\lambda = h/p \tag{A1}$$

$$E = h\nu \tag{A2}$$

$$c = \lambda\nu \tag{A3}$$

式（4）で電子を扱ったのと同様に光子についても，式（A3）に，（A1）と（A2）を代入して λ と ν を消去すると，

$$c = \left(\frac{h}{p}\right)\cdot\left(\frac{E}{h}\right) = \frac{E}{p} \tag{A4}$$

を得る．後述するように，光子は位相速度と群速度が等しいが，群速度を v と表す．光子に質量 m があると仮定すれば，運動エネルギーと運動量は，

$$E = \frac{1}{2}mv^2 = \frac{p^2}{2m} \tag{A5}$$

$$p = mv \tag{A6}$$

なので，（A4）と（A5）とから E を消去すると，$cp = \dfrac{p^2}{2m}$ だから，

$$\boxed{c = \frac{p}{2m}} \quad \text{（位相速度）} \tag{A7}$$

を得る．一方（A6）からは，

$$\boxed{v = \frac{p}{m}} \quad \text{（群速度）} \tag{A8}$$

となる．したがってポテンシャルのない空間を進む自由粒子は，質量がある場合には，位相速度と群速度がそれぞれ式（A7）と（A8）で表され，一致しない．

光子では群速度 v と位相速度 c が等しい．$v/c = \beta$ とすると，特殊相対論から，$E = \dfrac{m_0 c^2}{\sqrt{1-\beta^2}}$，$p = \dfrac{m_0 v}{\sqrt{1-\beta^2}}$ である．この2式から $m_0/\sqrt{}$ を消去すると $v = \dfrac{c^2 p}{E}$ を得る．この式に式（A1），（A2）を使って E と p を消去すると，$\dfrac{E}{c^2} = \dfrac{p}{v}$ となり，$\dfrac{h\nu}{c^2} = \dfrac{h/\lambda}{v}$ だから $v = \dfrac{c^2}{\lambda\nu}$ を得るので，式（A3）を用いれば，$v = c$ を得る．すなわち光は粒子としての速度（群速度）も波としての速度（位相速度）も等しい．干渉が生ずる場合には位相速度がきわめて遅くなる場合がある．

B 光子の静止質量

光子の静止質量 m は,逆2乗則と密接な関係にある.静電ポテンシャルとしてユカワポテンシャル $\dfrac{\exp(-\mu r)}{r}$ を仮定する.$\mu = \dfrac{mc}{h}$ なので,m が 0 なら $U = \dfrac{1}{r}$,$F = -\mathrm{grad}\,U$ なので,静電気力 $\propto \dfrac{1}{r^2}$ となる.逆2乗則がどのくらい厳密に成り立つかを調べれば,光子の静止質量の上限を決めることができる.現在までの実験技術では,$m < 10^{-50}$ kg が得られている.

C 光子の慣性質量

光子の静止質量 (m_0) = 0 であるが,慣性質量はゼロではなく観測可能である.相対論によると

$$p = mv = \frac{m_0 v}{\sqrt{1-\beta^2}}, \tag{C1}$$

である.式(C1)の両辺に c をかけると,

$$cp = E = mc^2 = \frac{m_0 c^2}{\sqrt{1-\beta^2}}. \tag{C2}$$

すなわち有名な $E = mc^2$ が得られる.式(C1)と式(C2)とから v を消去すると,

$$\boxed{E^2 = m_0^2 c^4 + p^2 c^2} \tag{C3}$$

すなわち,$\left(\dfrac{E}{c}\right)^2 - p^2 = (m_0 c)^2$ を得るが,この式に式(A1),(A2)を使って E と p を消去すると,$(m_0 c)^2 = h^2\left[\left(\dfrac{v}{c}\right)^2 - \dfrac{1}{\lambda^2}\right] = 0$.すなわち光子の静止質量は 0 となる.エネルギー $E = h\nu$ を持つ光子の慣性質量は,(C2)より $m = \dfrac{h\nu}{c^2}$ であると考えることができる.エネルギー $h\nu$ の光子を地上で上空に向かって打ち上げるとき,上昇するに従って位置エネルギーが増加するので,エネルギー保存則により,高さ H に上昇したとき,

$$hv = hv' + mgH. \tag{C4}$$

ここで，$m = \dfrac{hv'}{c^2} \cong \dfrac{hv}{c^2}$ なので，$v' = v\left(1 - \dfrac{gH}{c^2}\right)$ を得る．R. V. Pound, G. A. Rebka[10] によると，Fe^{57} から発生する 14.4 keV の γ 線を 22.6 m 落下させて Fe^{57} に吸収させるとき，$\dfrac{v'-v}{v} = 10^{-15}$ の振動数のシフトがあることが実験的に確かめられた．この実験はメスバウワー（Mössbauer）効果が極めて細い線スペクトルであることを利用した実験である．γ 線が原子核から出るとき，原子核が反跳を受けて生じるドップラーシフトも観測可能である．

光子の静止質量は 0 であるが，等価原理では，重力質量 = 慣性質量 なので，その光子のエネルギーが高ければ高いほど大きな慣性質量を持つ．

太陽から放射される光は，太陽の巨大な重力のために赤方に偏移している．

D 光子のスピン

質量 m，電荷 e の粒子（電子）が半径 r の円軌道を角速度 ω で回転しているとき，この等速円運動の運動エネルギー E と角運動量 L は，

$$E = \frac{1}{2} I \omega^2 \tag{D1}$$

$$L = I\omega \tag{D2}$$

と表される．ここで $I = mr^2$，$v = \dfrac{\omega}{2\pi}$．電荷 e を持った粒子が運動するとエネルギー hv の光子 1 個を放射して回転角速度が $\Delta\omega$ だけ減少すると考える．このときのエネルギーの減少 ΔE は，

$$\Delta E = I\omega\Delta\omega = hv \tag{D3}$$

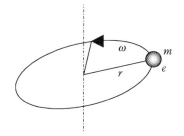

図 D1

となる．ただしここで，$\dfrac{dE}{d\omega} = \dfrac{d}{d\omega}\left(\dfrac{1}{2}I\omega^2\right) = I\omega$ を使った．同様に，角運動量の減少は，

$$\Delta L = I\Delta\omega. \tag{D4}$$

式（D4）に（D3）を使って$\Delta\omega$を消去すると，

$$\Delta L = \dfrac{h\nu}{\omega} = \dfrac{h\nu}{2\pi\nu} = \dfrac{h}{2\pi} = \hbar. \tag{D5}$$

したがって角運動量の保存則により，エネルギー$h\nu$の光子は，そのエネルギーによらず，角運動量$\hbar$で自転していることになる．ここでrは変化しないとしていることに注意．これはnが大きいと近似したことに相当する．

図D1で中心軸の周りに公転する電子は回転の角運動量として光子を1個放出するたびに$\hbar$ずつ角運動量が減少して最終的に静止する．したがって電荷が公転する場合には$\hbar$の整数倍の角運動量しかとりえない．

【問】 光の進行方向を$+z$とするとき，光子のスピンが$+z$, $-z$, x, y方向を向いている状態はありうるか？あるとすればどういう物理的意味を持っているか？
【答】 光子スピンのz軸成分が$+1$のとき，ヘリシティ$+1$と定義し，右円偏光（IEEEの定義，p.31参照）である．ほぼ光の進行方向に振動するz偏光も存在する．詳細は[23]参照．

E 光の偏光，電子スピンとゼーマン（Zeeman）効果

磁場のベクトルはN→Sへ向かうように矢印を書くことに決まっているので図E1のような磁石の配置の中に原子を入れると，磁場は図の矢印のような向きとして表すことができる．原子内の電子の運動は，見る方向によって変化する．点Pから見ると，磁場の周りで回転する電子は，1次元の単振動（紙面を突き抜ける方向）をしているように見えるので，電子の振動によって発生する光の電場ベクトルは紙面に突き刺さる方向に直線偏光している．電子は小さな磁石である．磁石の中ではS→Nへと磁場の矢印が向かうので，図E1に示した磁石のエネルギーは磁場のないときより低いエネルギーに観測される．磁場をかける前

第2章　最小作用の原理と屈折

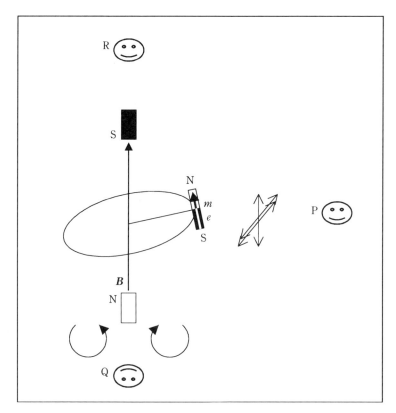

図 E1

には1本だったスペクトル線が3本に分裂する．エネルギーが変化しない中央のスペクトルは縦方向（Bに平行な向き）に振動する電子に相当する．一方，点Qから観測すると，電子磁石がどちらを向いているかによって，右回りか左回りの回転電流が作る電場を持つ光すなわち円偏光が観測される．

3次元ベクトルを回転させる方法

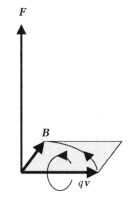

図 E2　磁力線はBと電流qvの作る磁力線の和になるので，平行四辺形の上側では磁力線密度が減少し，下側では増加する．密な磁力線の密度を平均化する方向（上）へ力が働く．

には,回転行列を使う方法,外積を使う方法,クォータニオンを使う方法がある[18]. 磁場 B 中を速度 v で運動する電荷 q が受ける力は,$F = qv \times B$ で表される.v を B に一致させるように回す回転方向が右ネジの進む向きに F の矢印を書く(図E2).

参考書・参考文献＋読書案内

[1] René Descartes: Discours de la méthode pour bien conduire sa raison, & chercher la vérité dans les sciences. Plus la Dioptrique, les Météores et la Géométrie, qui sont des essais de cette méthode. [「理性を正しく導き,学問において真理を探究するための方法の序説.加えて,その方法の試みである屈折光学,気象学,幾何学」全訳はなく,序論部分のみ,デカルト 著,谷川多佳子 訳:「方法序説」岩波文庫 (2001)として出版されている].

[2] P. J. Nahin: When Least is Best, Princeton University Press, Princeton (2004).
本章の歴史的説明は Nahin のこの本に従っている.

[3] L. Jardine: The Curious Life of Robert Hook, The Man who Measured London, Harper Perennial, London (2003).
ニュートンが肖像画を廃棄させたのでロバート・フックの肖像も現在ではわからない.Jardine の本にはフックの肖像と思われるものが著者によって探されて掲載されている.フックは Micrographia という顕微鏡の本も出版した.

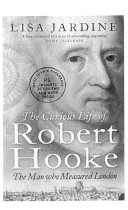

[4] 朝永振一郎:「量子力学 II」,みすず書房 (1952) pp.1-10. 図4の説明について詳しい解説がある.

[5] R. P. ファインマン 著,釜江常好,大貫昌子 訳:「光と物質のふしぎな理論－私の量子電磁力学」,岩波書店 (1987).
光の等角反射が干渉効果によって生じることを説明している.等角反射以外は位相が打ち消しあって反射が結果的におこらないことを詳しく説明している.

[6] 河合 潤:「熱・物質移動の基礎」,丸善 (2005).

[7] 小出昭一郎：「量子力学 (I)」，裳華房 (1969)，2章2節，3章6節．
Appendix A で速度が $\frac{p}{2m}$ と $\frac{p}{m}$ との違いについて説明したが，小出にはより詳しく説明されている．

[8] 小野健一：「電磁気学」，朝倉書店 (1961) p.228．
光子の群速度と位相速度が等しい証明 (p.228)，光子の静止質量=0の証明 (p.229)．この本には電子の運動についてもわかりやすいコメントがある：「電子の運動を相対論的に厳密にあつかうと，普通電子の運動と呼んでいるものは，電子の平均的な運動にすぎず，実際には電子はこの平均的軌道の上を光と同じ速さで非常にこまかくふるえながら移動することが結論される．普通電子の運動という場合には，このふるえ運動をならしてしまった平均を呼ぶのであるが，ここで電子の運動に起因する電流と呼ぶのは，このふるえ運動まで考えに入れた省略なしの運動にもとづく電流だと思って頂きたい．」(p.76)．

[9] J. D. Jackson: Classical Electrodynamics, 3rd ed., Wiley (1999) pp.5-9, 600-621.
古典電磁気学の本ではなく，きわめて量子論的な電磁気学の教科書．シンクロトロン放射光や制動放射に関してもわかりやすい．パノフスキー・フィリップス，林忠四郎・天野恒雄 訳：「電磁気学」（上）（下），吉岡書店 (1968)の現代版．

[10] R. V. Pound, G. A. Rebka, Jr.: Apparent weight of photons, *Phys. Rev. Lett.*, **4**, 337 (1960).

[11] J. W. Rohlf: Modern Physics from α to Z^0, Wiley, NY (1994) p.551.
には Pound, Rebka 論文の解説が出ている．内山龍雄：「相対性理論」，岩波書店 (1977) pp.205-207 には太陽光の赤方偏移や Pound, Rebka 論文についての解説がある．

[12] 松平 升，大槻義彦，和田正信：「理工教養物理学演習」，培風館 (1978) 15章，p.226. Pound, Rebka の実験が演習問題に取り上げられている．

[13] 小野健一[8]，pp.229-231．光子スピンの古典的な導出．

[14] 有馬朗人：「量子力学」，朝倉書店 (1994) pp.23-25．ゼーマン効果の解説．

[15] ジョン・クラウス 著，鴻巣巳之助 訳：「巨大な耳」CQ 出版社 (1981)．円偏光を放射するアンテナを発明したときの詳しい内輪話：「東部の大きな研究所のパウル・レインズが1946年11月オハイオ州立大学に来てゼミナールを行った．講義の後，前々かららせんをアンテナに使ってみたいと考えていたので，次のよう

にたずねた.『らせんがアンテナとして働くと思いますか?』『いいえ.私が試みてみましたが,駄目でした.』と彼が答えた.大きさが1波長のらせんを空中に

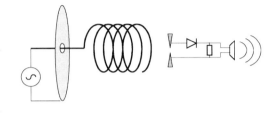

置く方法が良いと考えたわけではないが,試みてみたくなり,教室を出て発信器が置いてある自分の部屋に戻った.この発信器を家に持ち帰り,らせんを作って,アンテナとして働くかどうか調べてみることにした.その日の午後遅く,いつものように講義用ノートと答案用紙の入った書類鞄を持って家に帰るとき,脇にGE発信器をかかえ持った.夕食後すぐ発信器を手にぶら下げ,地下室に通ずる階段を下り,作業机の上に発信機を置いた.2~3フィート長の銅線と直径約1インチのボール紙製の郵便筒を取り出し筒の上に線を7回捲いた.だが,試験するのに受信機が必要であった.電線と金属片をハンダ付けして,長さ2インチの蝶ネクタイ型のダイポールアンテナを作った.ダイポールアンテナの中心にダイオードを接続し,これにヘッドフォーンのコードを接続した.発信機は115ボルト,60ヘルツの交流を使用するので,信号が受かれば60ヘルツのハム音を聞くことができる.蝶ネクタイをらせんの開放端近くに持っていった.「ぶーん」とヘッドフォーンがうなった.信号が非常に強い.コルク栓抜きの先端に強い放射があるとは信じられなかった.発信器がビームを発生しているのではないかと思ったが,らせんを取り外すとビームが消えた.」

大学の実験室が劣悪な状況の中で,自宅の地下室でらせんアンテナの発明に至った状況が詳しく書かれている.

[16] 河合 潤:「はかってなんぼ学校編」,日本分析化学会近畿支部 編,丸善 (2002) pp.80-93.電気双極子から電磁波が放射される現象をクラウス流に説明したもの.

[17] J. D. Kraus, D. A. Fleisch: Electromagnetics with Applications, 5th ed., McGraw-Hill (1999). [15]の著者の電磁気の教科書.円偏光に関する解説が詳しい.

[18] 金谷一朗:「3D-CGプログラマーのためのクォータニオン入門」,工学社 (2004).

[19] ハイゼンベルクの不確定性原理のRobertsonによる導出の経緯については,ヤンマーの書 (3章の[16]) pp.86-89, 100に詳しく記述されている:「Hermann Weylは1928-1929学年をPrincetonで過したが,その当時彼の助手であったRobertson

は，その機会にWeylの論考を英語に訳した．」

[20] H. P. Robertson: The uncertainty principle, *Phys. Rev.*, **34**, 163-164 (1929). わずか1ページの論文（163ページの下半分と164ページの上半分）がたいていの量子力学の教科書 [L. I. Schiff: Quantum Mechanics, 3rd ed., McGraw-Hill (1955, 1968); A. Messiah: Quantum Mechanics, Dover (1999)など]で不確定性原理の導出に使われている．

[21] R. W. Ditchburn: The uncertainty principle in quantum mechanics, *Proceedings of the Royal Irish Academy*, **39**, 73-80 (1930). 式（10）と（11）で因子2の違いがあることについての説明．

本書のRobertson流の説明は，

[22] E. Merzbacher: Quantum Mechanics, 2nd ed. pp.158-160 (1961, 1970)および第3版によった．この部分は第2版と3版でずいぶん書き直されている．

[23] J. D. Jackson: Classical Electrodynamics, 3rd Ed., Wiley (1999) Chap.7, pp.300, 350.

レポート課題

【問1】 図E1で点Qおよび点Rから磁石の中の原子を観測したとき，磁場の周りの電子の回転方向と右円偏光と左円偏光の関係を調べよ．電子はマイナス電荷を持つことに注意せよ．右円偏光の定義には2種類ある．右ネジの回転する向きに電場が回転しながらネジの進行方向へ電磁波が放射されるとき右円偏光（RCP：right circularly polarized）と定義するのがIEEE（The Institute of Electrical and Electronics Engineers）流．従来からの物理・光学の定義ではLCP（left circularly polarized）になる（ポジティブ・ヘリシティ[23]）．物理光学の定義とIEEEの定義は，電磁ビームを先から見るか（物理光学），後方から見るか（IEEE）の違い．右円偏光を放射するアンテナは，右円偏光を受信できる．右ネジにあうナットは，裏から入れても右ネジがはまるのと同じ理屈[17]．「RCP（IEEE）」などと表すのがよい．

ヘリシティ（helicity）Hは速度vで運動する粒子の自転角運動量をSとするとき，$H = \dfrac{S \cdot v}{|S| \cdot |v|}$ で定義する．光速で飛行する粒子（光子）の場合はどの座標から見てもHの値は変化しないが，速度vの粒子は静止系で見るとHのとき，速

度 v と同一方向に V で運動する座標系（$|V| > |v|$）から観測するとき，$-H$ となる（文献[11] p.311）．

【問2】 参考書で挙げたファインマンの本[5]を読んで，光の等角反射を量子力学的に説明せよ．（解答は p.127）

【問3】 100 kV の電子顕微鏡は光学顕微鏡の光の代わりに電子を 100 kV で加速したときの電子を用いて透過像を拡大する装置である．どこまで小さなものまで見えるかという限界は，電子のド・ブロイ波長に依存する．100 kV の電子顕微鏡に比べて 1 MV の電子顕微鏡の空間分解能はどの程度良くなるか？

ヒント：非相対論的なド・ブロイ波長と相対論的なド・ブロイ波長を求めて，相対論効果が無視できないことを確認する．

第3章　シュレディンガー方程式・ハイゼンベルクの行列力学・流体力学

「観測できる現象は，すべてが相互に似よった要素現象を数多く重ね合わせたものに帰するからである．…微分方程式が導入されることは全く自然である.」（仮説 p.188）

1. シュレディンガー方程式の導出

波長が λ，周波数が ν の波は，

$$\Psi(x,t) = a_0 \exp[2\pi i(x/\lambda - \nu t)] \tag{1}$$

と表すことができる．両辺を x で偏微分すると，

$\dfrac{\partial \Psi(x,t)}{\partial x} = a_0 \left(\dfrac{2\pi i}{\lambda}\right) \exp[2\pi i(x/\lambda - \nu t)]$. もう一度 x で偏微分すると

$$\begin{aligned}
\dfrac{\partial^2 \Psi(x,t)}{\partial x^2} &= a_0 \left(\dfrac{2\pi i}{\lambda}\right)^2 \exp[2\pi i(x/\lambda - \nu t)] \\
&= -\left(\dfrac{2\pi}{\lambda}\right)^2 \Psi(x,t) \\
&= -\left(\dfrac{2\pi}{h/p}\right)^2 \Psi(x,t) \quad (\lambda = h/p \text{ を使った}) \\
&= -\dfrac{2m(E-V)}{\left(\dfrac{h}{2\pi}\right)^2} \Psi(x,t) \quad (\text{なぜなら } p = \sqrt{2m(E-V)}) \\
&= -\left(\dfrac{2mE}{\hbar^2}\right) \Psi(x,t) + \left(\dfrac{2mV(x,t)}{\hbar^2}\right) \Psi(x,t).
\end{aligned}$$

したがって，

$$-\dfrac{\hbar^2}{2m} \dfrac{\partial^2 \Psi(x,t)}{\partial x^2} + V(x,t)\Psi(x,t) = E\Psi(x,t). \tag{2}$$

今度は式 (1) を t で偏微分すると，

$$\frac{\partial \Psi(x,t)}{\partial t} = a_0 \cdot 2\pi i(-\nu)\exp[2\pi i(x/\lambda - \nu t)]$$
$$= -2\pi i \nu \Psi(x,t)$$
$$= -2\pi i \frac{E}{h}\Psi(x,t) \qquad (E = h\nu \text{を使った})$$
$$= -\frac{iE}{h}\Psi(x,t).$$

したがって，両辺に $i\hbar$ をかけて

$$i\hbar \frac{\partial \Psi(x,t)}{\partial t} = E\Psi(x,t) \tag{3}$$

(2) = (3) とおくと，シュレディンガー方程式

$$-\frac{\hbar^2}{2m}\frac{\partial^2 \Psi(x,t)}{\partial x^2} + V(x,t)\Psi(x,t) = i\hbar \frac{\partial \Psi(x,t)}{\partial t} \tag{4}$$

を得る．

$\frac{p^2}{2m} + V = E$ と式 (4) とを比較すると，$p = -i\hbar \frac{\partial}{\partial x}$ (3次元では $\boldsymbol{p} = -i\hbar \nabla$) および，$E = i\hbar \frac{\partial}{\partial t}$ を得る．

したがって古典力学のハミルトン方程式を書きくだし，$\boldsymbol{p} = -i\hbar \nabla$，$E = i\hbar \frac{\partial}{\partial t}$ と形式的に Ψ へ作用する演算子に書き直すとシュレディンガー方程式が求まる．こ

図1 シュレディンガー
D. ホフマン，櫻山義夫 訳：「シュレーディンガーの生涯」地人書館 (1990).

第3章　シュレディンガー方程式・ハイゼンベルクの行列力学・流体力学

れはボーア−ゾンマーフェルトの量子化条件を一般化したものである.

微分の定義により, $\dfrac{\psi(t+dt)-\psi(t)}{(t+dt)-t} = \dfrac{\partial \psi}{\partial t}$ なので, 時間 dt 後の波動関数 $\psi(t+dt)$ は, $\psi(t+dt) = \psi(t) + \dfrac{\partial \psi(t)}{\partial t} dt$ となる. シュレディンガー方程式 (4) を一般的に書くと, $ih\dfrac{\partial}{\partial t}\psi(t) = H\psi(t)$ となるので, $\dfrac{\partial \psi(t)}{\partial t} = \dfrac{1}{ih}H\psi(t)$ を代入すると,

$$\psi(t+dt) = \left(1 + \frac{H}{ih}dt\right)\psi(t) = \left(1 - \frac{i}{h}Hdt\right)\psi(t)$$

を得る. この式の括弧の中味

$$U(t+dt, t) = 1 - \frac{i}{h}Hdt$$

は時間 t における波動関数と時間 $t + dt$ における波動関数の関係を表す.

「シュレーディンガーの方程式は, 残念ながら相対性原理を満足していなかった. そこでディラックは, 相対性原理を満たし, しかも結果的にはシュレーディンガー方程式を与えるような波動方程式を提出した. これが『ディラックの方程式』である. しかし, この波動方程式は実は連立方程式でなければならなかった.」[大槻義彦「こまとスピン」共立出版 (1977) p.85]. ディラック方程式は p.120 参照.

2. ハイゼンベルクの行列力学
2.1 励起水素原子の線スペクトル

水素をガラス管に低圧で封入して高電圧をかけると光を発する（ガイスラー管）. その波長を分光器で測定すると, 何かしらの規則があることを想像させる線スペクトルが測定できる. この規則は振動数で表せば, $\nu = R\left(\dfrac{1}{m^2} - \dfrac{1}{n^2}\right)$ という一般式で表されることがバルマー (1885, 可視部, $m = 2$), ライマン (1906, 遠紫外部, $m = 1$), パッシェン (1908, 赤外部, $m = 3$) によって明らかにされた. ここで, R はリュードベリ (Rydberg) 定数である. ν を波数（1 cm にある波の数）単位で表せば, $R = 109737.31$ cm^{-1}, eV 単位で表せば $R = 13.6$ eV となる. これは, $m = 1$ から $n = \infty$ への遷移, すなわちイオン化エネルギーに相当する.

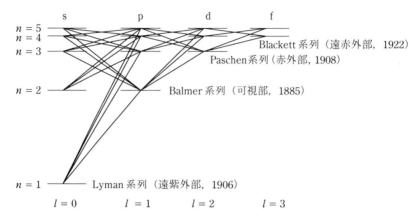

図2 R. Ladenburg: The quantum-theoretical interpretation of the number of dispersion electrons, *Zs. F. Physik.*, **4**, 451-468 (1921)を現代風に改変した水素の発光スペクトル.
2p → 1s: sharp; 3s,3d → 2p: principal; 4p,4f → 3d: diffuse; 5d → 4f: fundamental

リュードベリは m と n の組み合わせに応じて，スペクトル系列に sharp, principal, diffuse, fundamental と言う名前をつけた．これが 1s, 2p, 3d, 4f 軌道の起源である．2つの項（ターム）の差でスペクトル振動数が表されるので，それぞれの準位を**スペクトル・ターム**と呼んだ．

リッツ (Ritz) は，例えば 1s-2p 遷移の振動数と 2p-3d 遷移の振動数の和が 1s-3p 遷移の振動数と等しくなることに気づいた（当時はこうした軌道は知られていなかったが）．3p と 3d は水素原子ではエネルギーが等しい．1s-3d 遷移は後章で説明するように選択則によって禁制遷移となり，強度はきわめて弱く観測できない．水素原子の場合には，一般に，$\nu_{nl} + \nu_{lm} = \nu_{nm}$ という関係が成立する（**リッツの結合則**）．

ボーア (Bohr) は 1913 年にバルマーの公式とリッツの結合則とから，

(i) $R = \dfrac{me^4}{4\pi\hbar^3}$ で表されること[3]，(ii) $E_n = -\dfrac{me^4}{2\hbar^2 n^2}$ として光子のエネルギーが，(iii) $h\nu_{nm} = E_m - E_n$ で表されること，(iv) $n = 1$ の最低エネルギーの軌道は半径が $a = \dfrac{\hbar^2}{me^2} = 0.529\,\text{Å}$（ボーア半径と呼ぶ）で円運動していること，を導いた（p.124 参

照).ボーアの軌道は,1s, 2p, 3d … 軌道で,これらは円軌道である.(iii)は電子の振動エネルギーE_nと光のエネルギーが必ずしも一致しないことを意味している.

ゾンマーフェルトはボーアの円軌道以外に楕円軌道も許されるとして, 1s, 2p, 3d, 4f 軌道以外の軌道 (2s, 3s, 3p, 4s, 4p, 4d, …) を導入した.ゾンマーフェルトの楕円軌道では,長軸の長さはエネルギーを決め,短軸の長さは角運動量を決める.

2.2 調和振動子と原子

プランクの量子仮説は,多数の同じ振動子が $\varepsilon = h\nu$ という有限な値を持つというものであった.これは振動子が

$$E = n\varepsilon = nh\nu \tag{5}$$

という離散的なエネルギーしかとりえないことを意味している.ここで $n = 0, 1, 2, \cdots$ である.しかしボーアの量子論では,本章 2.1 の (iii) で見たように,原子から放出される光のエネルギー $h\nu_{nm}$ は電子のエネルギー (E_n または E_m) にも等しくないし,その整数倍 $nh\nu$ にも等しくない.プランクの式 (5) は第1章2節の例のように,ポテンシャルが放物型,すなわち調和振動子の場合で,この場合には,光の振動数がたまたま調和振動子の振動数と一致したため,古典論と量子論の違いがはっきりしなかった[5].

原子において量子数 $n \to m$ の遷移によって光が放出される場合を考える.n と m がともに大きな数で,これらの数に比べて $\alpha = n-m$ が小さい場合には,**ボーアの対応原理**によって古典論の結果に近づく.式 (5) の n を連続変数と見て両辺を n で微分すると,$h\nu_n = \dfrac{\partial E_n}{\partial n}$ を得る.例えば $10p \to 8s$ 遷移によって光子が放射される場合を考える (図3).主量子数が,$n = 10 \to (n-a) = 8$ への遷移と表すことができる.$\alpha = 2$ であるから,式 (5) のようにエネルギーが等間隔なら (調和振動子),

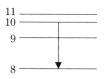

図3

$$hv_n(\alpha) = \alpha \frac{\partial E_n}{\partial n} \quad . \tag{6}$$

この式の意味は，2段とびのエネルギーは1段当りのエネルギー差の2倍になるという，等間隔の調和振動子ではあたりまえのことを表している．ただし調和振動子の光学遷移の選択則によると $\Delta n = \pm 1$ の1段とびしか生じない．

2.3 連続した2つの遷移

原子内部では，電子は原子の中心を固定して弾性的に振動する．1個の電子 e が x 軸上を基本振動数 v_0 で振動するとき（v_0 は原子と電子の結合の強さ＝バネ定数で決まる），発生する電磁波の波長が原子の大きさに比べて十分長いならば，電磁波を遠方で観察すると，電気双極子モーメント $p(t) = -ex(t) = -ex_0 \sin(2\pi v_0 t)$ から発生する電磁波と同等であると近似することができる．これがトムソン(J. J. Thomson)の原子模型で，X線の散乱を良く説明できる（トムソン散乱）．

電荷の古典的な振動では，基本振動数が v_0 のとき，2倍音，3倍音，4倍音，…というオーバートーンも同時に発生する．式(6)の α は整数でオーバートーンを表すパラメータと考えることができる．原子は調和振動子ではなく非調和な成分も持つ．このとき任意の時刻 t にもつ電気双極子モーメント $p(t)$ は，

$$p(t) = e \sum_{n=-\infty}^{\infty} c_n \exp(2\pi i n v_0 t) \tag{7}$$

のようにフーリエ展開でき，振動数 v は v_0 の整数 (n) 倍の成分をもつ．ここで $q(t) = x_0 \sin(2\pi v_0 t)$ の代わりに一般に $c_n \exp(2\pi i n v_0 t)$ とした．原子の $n \to n-\alpha$ の遷移に対しても，

$$x(t) = \sum_{\alpha=-\infty}^{\infty} x_\alpha \exp(2\pi i v_{n,n-\alpha} t), \; w(t) = \sum_{\beta=-\infty}^{\infty} w_\beta \exp(2\pi i v_{n,n-\beta} t) \tag{8}$$

と置いてみる．2つの遷移 $x(t)$ と $w(t)$ が続いて起こるとき，実験ではリッツの結合則が成り立つが，

$$x(t) \cdot w(t) = \sum_{\alpha\beta} x_\alpha w_\beta \exp 2\pi i (v_{n,n-\alpha} + v_{n,n-\beta}) t \tag{9}$$

となってリッツの結合則が成立しない．リッツの結合則は，振動の振幅の積で

第3章 シュレディンガー方程式・ハイゼンベルクの行列力学・流体力学

表すと，

$$x(t)\cdot w(t) = \sum_{\alpha\beta} x_{n,n-\alpha} w_{n-\alpha,n-\alpha-\beta} \exp 2\pi i(\nu_{n,n-\alpha}+\nu_{n-\alpha,n-\alpha-\beta})t \tag{10}$$

と書けるはずなので，これを成立させるためには，式（8）のフーリエ級数展開ではなく，たとえば，

$$x(t) = \sum_{n,\alpha=-\infty}^{\infty} x_{n,n-\alpha} \exp(2\pi i\nu_{n,n-\alpha}t) \tag{11}$$

とすればよい（Heisenberg, 1925年, 大正14年）．これは行列を表していて，

$$[x_{mk}]\cdot[w_{kn}] = [z_{mn}] \neq [w_{mk}]\cdot[x_{kn}].$$

式（10）は，始点 n から終点（$n-\alpha-\beta$）へ電子が遷移するとき，中間の（$n-\alpha$）が $-\infty$ から $+\infty$ までの全整数にわたる全ての経路の寄与があり，位相を含めて，それらの経路をすべて足し合わせたものが遷移に関係することを意味している．このような発想に至った背景には，後にラマン（Raman）効果として発見される現象をスメカル（Smekal, 1923）が準位 n → 準位（$n-\alpha-\beta$）への電子遷移に関して中間の状態を通って遷移する可能性を指摘し，ハイゼンベルクはクラマースとの共同研究として，クラマース－ハイゼンベルク（Kramers-Heisenberg）方程式（1925年1月）を提案していたからである．ここで準位（$n-\alpha$）はBKS理論として有名な仮想的な振動子状態である[12]．

$x(t)$ と運動量 $p(t)$ の交換関係は第1章2節で示したように，2章1節で導いた $\boldsymbol{P} = -i\hbar\nabla$ を用いれば，$\boldsymbol{X}$ と $\boldsymbol{P}$ とを $x(t)$ と $p(t)$ に対応する行列，$\boldsymbol{I}$ を単位行列として，

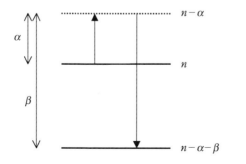

図4

$$XP - PX = i\hbar I \tag{12}$$

が成り立つことを示すことができる．一般化座標で表すと，

$$\boxed{qp - pq = i\hbar}$$

3. 流体力学との類似性

式 (4) の複素共役：

$$-\frac{\hbar^2}{2m}\frac{\partial^2 \Psi(x,t)}{\partial x^2} + V(x,t)\Psi(x,t) = -i\hbar\frac{\partial \Psi(x,t)}{\partial t} \tag{13}$$

もシュレディンガー方程式である．マーデルング（Madelung, 1927)[15] は $\Psi = \alpha \exp(i\beta)$ とおいて（α も β も x, t の関数）式 (13) に代入すると虚部が，

$$\mathrm{div}(\alpha^2 \mathrm{grad}\,\varphi) + \frac{\partial \alpha^2}{\partial t} = 0 \tag{14}$$

を満たすことを示した．ただし，

$$\varphi = -\frac{h}{2\pi m}\beta. \tag{15}$$

式 (14) は，α^2 が流れの密度 ρ，かつ，$u = \mathrm{grad}\,\varphi$ とすれば，流体の連続の式 $\mathrm{div}(\rho u) + \frac{\partial \rho}{\partial t} = 0$ となる．φ は速度ポテンシャル（すなわち微分すると速度ベクトルになるスカラー関数）と解釈できる．流体の方程式 (14) と (15) はシュレディンガー方程式と等価と考えることができる．流体力学的解釈は，ボーム（Bohm）によって隠れた変数の量子力学（量子力学が確率論的な結果を与えるのは，われわれが知らない変数があるからであって，その隠れた変数を使えば，量子力学も決定論的なものになるとする考え方）へと発展するかにみえたが，いまだ完成されていない．

参考書・参考文献＋読書案内

シュレディンガー方程式の導出では次の [1] を参考にした．[2] もわかりやすい．

[1] D. C. Harris, M. D. Bertolucci: "Symmetry and Spectroscopy, An Introduction to Vibrational and Electronic Spectroscopy", Oxford University Press (1978), Dover, New York (1989) pp.70-73.

第3章　シュレディンガー方程式・ハイゼンベルクの行列力学・流体力学　　*41*

[2]　竹内 淳：「高校数学でわかるシュレディンガー方程式」Blue Backs，講談社 (2005).

[3]　水素のリュードベリ数 R_H は，真のリュードベリ定数 R_∞ とはわずかに異なっている．陽子の質量を M，電子の質量を m とすると，水素の電子の運動は重心の周りの換算質量 μ の円運動と表されるからである．ここで，$\dfrac{1}{\mu} = \dfrac{1}{M} + \dfrac{1}{m}$ なので，$R_\mathrm{H} = R_\infty \dfrac{1}{1+\dfrac{m}{M}}$ であることに注意する．M. Born: Problems of Atomic Dynamics, Dover, NY (1926, 2004), Lecture 6 参照．Born の本のこの章には周回運動が高速なので相対論的に質量が増加することにより，長軸が回転しながら電子が楕円運動する場合についても説明されている．この楕円運動は方位量子数が $0 \le l \le n-1$ の整数をとる軌道として表される効果も説明されている．

M. Born: Atomic Physics, Dover (1969). もハイゼンベルクの論文を読んですぐに行列を意味していることを見抜き，行列力学を創始したマックス・ボルンによる本であり，気体分子運動論，固体の比熱，ラマン効果，などをあつかった具体的でわかりやすい量子力学の教科書である．表題の Atomic Physics とは「原子の量子力学」と言う意味ではなくてむしろ「原子スケールの物理」という意味である．

ハイゼンベルクが行列力学の着想に至った経緯については，シュレディンガーのように演繹的ではなく，どこかしら天才の飛躍のようなものを感じる部分である．この飛躍はどういう発想から生まれたのだろうか？ハイゼンベルクがたどった思考経路をたどってみたいとはだれもが思うことであるが，そのひらめきを追体験することは難しい．

[4]　B. L. van der Waerden: Sources of Quantum Mechanics, Dover, NY (1967). はこの本全体が行列力学がどう生まれたのかを，当時のドイツ語論文の英訳や，ハイゼンベルクの手紙を集めて解明しようとした本である．ディヴィッド・リンドリー 著，阪本芳久 訳：「そして世界に不確定性がもたらされた，ハイゼンベルクの物理学革命」，早川書房 (2007)．この本は行列力学がどう生まれたかを物語風に説明することに成功している．

本書 第1章の[4]朝永振一郎や，

[5]　湯川秀樹：「量子力學序説」，弘文堂 (1947)．§5 にもハイゼンベルクの方程式について詳しく記述されている．この本は絶版で，

[6] 田中 正：「量子力学 I」, 湯川秀樹 監修, 岩波講座現代物理学の基礎 3, 岩波書店 (1972). 第 3 章にも [5] と類似の説明がある. ただしこの本は井上 健によって執筆されたことになっていた第 1 章が実際には D. ter Haar: The Old Quantum Theory, Pergamon (1967) の直訳であるとされて［井上のお詫びが,「岩波講座 現代物理学の基礎 月報」, No.11, 1974.12（第 11 巻 第 11 回配本）p.8 に掲載されている］, 完全に改訂されたため, 現在ではほとんど入手不可能な（図書館でも）幻の書となっている. ter Haar は Kramers の業績の発掘でも大きな仕事をしており[7], 岩波講座の第 1 章は量子力学の発展の全体像をつかむ解説としても優れている.

[7] D. ter Haar: Master of Modern Physics, The Scientific Contributions of H. A. Kramers, Princeton University Press (1998).

以下の科学史の本にもハイゼンベルクの思考過程が詳しく記述されている.

[8] 天野 清：「量子力学史」, 日本科学出版社 (1948); 中央公論社 (1973). 以下の引用は中央公論社のページ：
- 「マトリックスに課せられたエルミート性は, 二状態間の遷移の対称性を帰結する.」p.128.
- 「過渡期の量子論の一般的方法を代表する二つの原理がある. それはエーレンフェストの断熱原理と, ボーアによって提唱された, より重要な対応原理である.」p.96.
- 「二つの定常状態のエネルギー差の決定も, その相互作用の直接の転移は古典力学では全く取り扱えないにもかかわらず, もし, 断熱定理によって, すべての定常状態のエネルギーが無限に僅かしか異ならぬ系へ変換すれば, それを古典的に計算することすら可能である.」pp.97-98.
- 「古典的振幅を計算する場合, 周回電子の初めの軌道についてすべきか後の軌道によるべきか, それとも両者の算術平均によって定義すべき中間の軌道をとるべきかは, 当時として難問の一つであった.」p.101.
- 「スペクトル線の強度と偏光は量子数が大なるにつれ古典的に計算されたそれと漸近的に一致する. 量子的遷移過程の相対的頻度は古典的スペクトラムの振幅の比で与えられる.」p.101.
- 「(ランデの) g 因子の公式は $J(J+1)$ の形の項を含んでいるが, 古典的計算からは J^2 の形しか出ない. これはまさしく, 転移が二つの定常状態のあいだにあら

第3章 シュレディンガー方程式・ハイゼンベルクの行列力学・流体力学

われるべきであるのに，古典的現象からすれば一方の軌道にしか取り扱えないからである．」p.103．
- 「たとえば，二つの電子を有するヘリウム原子の励起状態について，幾多の模型の失敗の後，ボーア－ハイゼンベルクが周期系の量子条件をそれに適用して振動力学によって計算した結果は，正しいエネルギー値を与えず，…ゾムマーフェルトは，同様な問題を取り扱ったハイゼンベルクの発表されなかった論文に言及し，…」pp.102-103．
- 「寺田寅彦博士はボーアの原子論の紹介を聞き，『何だか原子が自分の行先を知っていて，それに相当する波長の光を出すような気がしますね』と言って長岡教授を苦笑させたという逸話が中谷博士の『冬の華』317ページにあるが，これはじつはボーアのモデルにとってきわめて辛辣な批評であったと言える．」pp.105-106．

など，量子力学を勉強する上で深い意味のある記述が多い．特に最後の中谷博士の回想などは，寺田寅彦がハイゼンベルクやファインマンと同じ考えをしていたことを思わせるものである．ハイゼンベルクがボーアモデルに満足しなかったのは，ヘリウム原子の計算を自分でしてみて（発表されなかった論文），ボーア流の計算では実験に合わないことをよく知っていたからである．

[9] 武谷三男，長崎正幸：「量子力学の形成と論理，II量子力学への道」，勁草書房 (1991)．この本では特にSmekalの寄与を大きく取り上げている．

[10] 高林武彦：「量子論の発展史」，吉田 武 監修，ちくま学芸文庫 (2002)，5章，6章．この本は監修者の吉田が，自宅のコンピュータに1字ずつ入力し，執念によって復刻させた書．価格も手ごろであり，是非手元において参照してほしい文庫本である．

[11] A. Smekal: Zur Quantentheorie der Dispersion, *Naturwissensch.*, **11**, 873-875 (1923). BKS論文として有名な仮想振動子の論文は，

[12] N. Bohr, H. A. Kramers, J. C. Slater: The quantum theory of radiation, *Phil. Mag.*, **47**, 785-802 (1924). この論文はvan der Waerden[4]にも収録されている．BKS論文は「輻射の量子的構造というEinsteinのアイデアを完全に放棄して，それをエネルギーと運動量の統計的な保存だけに基づく徹底した確率論的なやり方で置き換えたものであった．」(3章の文献[16] p.146から引用)．

[13] H. A. Kramers, W. Heisenberg: On the dispersion (または scattering) of radiation by atoms, *Zs. f. Phys.*, **31**, 681-708 (1925). この論文は[4] pp.223-252と[7] pp.121-144に収録されているが英訳を読むと同じ論文とは思えないほど違っている．

一般化された Kramers-Heisenberg 方程式は [たとえば F. M. F. de Groot: 3s2p inelastic x-ray scattering of CaF$_2$, *Phys. Rev.*, **B53**, 7099-7110 (1996)],

$$I(\omega,\omega') = \sum_f \left| \sum_x \frac{\langle f|r|x\rangle\langle x|r|i\rangle}{E_i + \omega - E_x - i\Gamma_x} \right|^2 \delta(\omega - \omega').$$

[14]　W. Heisenberg: Quantum theoretical reinterpretation of kinematic and mechanical relations, *Zs. f. Phys.*, **33**, 879-893 (1925)（ドイツ語）または[4]の pp.261-276（英訳）.

[15]　E. Madelung: Quantentheorie in hydrodynamischer Form, *Zs. f. Phys.*, **40**, 322-326 (1927).

[16]　マックス・ヤンマー（Max Jammer）著，井上 健 訳：「量子力学の哲学」（上），紀伊国屋書店 (1983) pp.45-49, 61-62.

[17]　T. Takabayashi: On the formulation of quantum mechanics associated with classical pictures, *Prog. Theoret. Phys.*, **8**, 143-182 (1952); Remarks on the formulation of quantum mechanics with classical pictures and on relations between linear scalar fields and hydrodynamical fields, *ibid.*, **9**, 187-222 (1953).

[18]　D. Bohm, J. P. Vigier: Model of the causal interpretation of quantum theory in terms of a fluid with irregular fluctuations, *Phys. Rev.*, **96**, 208-216 (1954).

　　　Bohm の理論については，

[19]　江沢 洋：「解析力学」，培風館 (2007) pp.186-187 にわかりやすい解説がある．

流体力学的な量子力学は面白い発想である．類似のこととして統計力学的量子論がある．旧共産圏，特にハンガリーでは，1950年代には政治的に量子力学の研究が禁じられていたので，統計力学を装って研究された．その成果が

[20]　R. Gáspár: Concerning an approximation of the Hartree-Fock potential by a universal potential functions, *J. Molecular Struct. (Theochem)*, **501-502**, 1-15 (2000).の密度汎関数法であり，Kohn によって大成された．

2章の文献[6]で拡散方程式の

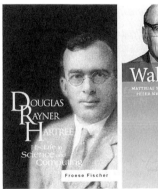

(World Scientific 社刊)　(Springer 社刊)

実時間を$t \to it$と虚数時間へ入れ替えるとシュレディンガー方程式になることを述べた（pp.33-34）．Nelsonは古典粒子のブラウン運動によってシュレディンガー方程式が導けることを示した．

[21] E. Nelson: Derivation of the Schrödinger equation from Newtonian mechanics, *Phys. Rev.*, **150**, 1079-1085 (1966). 大場らは2個の穴から浸み出した粒子がブラウン運動しながら拡散しスクリーンへ到達する過程によって2スリットによる干渉縞を再現した．

[22] K. Hara, I. Ohba: Tunneling time distribution by means of Nelson's quantum mechanics and wave-particle duality, *Phys. Rev.*, **A67**, 052105 (2003).

井上健：文献[6]のp.115に，偏微分方程式（4）が「虚数の拡散係数をもつ拡散過程の偏微分方程式という構造を示している点に注意したSchrödingerは，ψを実の量とする彼の当初の要請を緩和して，ψとして複素量が許されるものとし，それを力学的スカラー場ψと名づけた．彼はこの複素スカラーψからつくられた$\psi\psi^*$を，電磁的輻射の源としての荷電の空間密度の電磁的ゆらぎを説明するところの，配位空間における重みの分布関数と解釈した．」

[23] マックス・ヤンマー[16], p.44には, W. Heisenberg: 量子論的な運動学と力学の直感的内容について, *Zs. f. Phys.*, **43**, 172-198 (1927)（和訳は，湯川・井上 編：「現代の科学Ⅱ」，中央公論社 (1974) pp.325-358）からの引用として，「もしもSchrödingerの仮定が正しいとすれば，原子によって放出される輻射は高音の振動数が一つの基本振動数の整数倍になっているFourier級数に展開可能なはずである．ところが，原子スペクトル線の振動数は量子力学によれば，一つの基本振動数の整数倍というふうには決してなっていない－例外になっているのが調和振動子という特別の場合である」とシュレディンガーの間違いを指摘した．

[24] 保江邦夫：「量子の道草－方程式のある風景（増補版）」，日本評論社(1999, 2000). にはシュレディンガーがシュレディンガー方程式を閃いた後に，「少なくとも，その方程式を既存の原理や他の方程式などから導き出す過程を示さなければならない．（シュレディンガーは）ほぼ1ヶ月をかけて，何とか自分が閃いた方程式をまことしやかに導き出す理屈を作り上げた．」若かった保江邦夫はこのシュレディンガーの第1論文「固有値問題としての量子化Ⅰ」（第1章文献[12]に和訳が収録されている）を読んで，どのような理屈で書かれたかをそれまで誰も理解していな

かったことに気づいた．確かに「量子化I」には，$S = K \log \psi$ という不思議な式が現れる．ここで K はボルツマン定数ではなく $\hbar$ である．保江は摩擦のある系のシュレディンガー方程式，確率制御問題としての量子化などの研究を通じて，シュレディンガーの量子化条件が，「全エネルギーの長時間平均の期待値を最小にする条件」であるということを明らかにした．保江の本では，$\rho(x, y, z, \tau) = \psi^*(x, y, z, \tau)\psi(x, y, z, \tau)$ が「過去から未来へと変化してきた波動関数の現在の値と，未来から過去へと遡ってきた共役波動関数の現在の値との積によって，現在の確率分布があたえられる」ことなど面白い解釈が書かれている．第3章文献[21]で取り上げたネルソンの粒子の拡散による干渉現象の式を保江自身の確率変分学の式から導くことに成功したことの説明が「量子の道草」の中心である．

少し見方を変えると，$S = K \log \psi$ は第6章の式（10）と等価であるのは面白い．

演習問題

【問1】 以下の証明をせよ．

(i) リュードベリ定数が $R = \dfrac{me^4}{4\pi \hbar^3}$ で表されることを証明せよ．

(ii) ボーアの原子軌道のエネルギーが $E_n = -\dfrac{me^4}{2\hbar^2 n^2}$ で表されることを証明せよ．

(iii) $n = 1$ の最低エネルギーの軌道は半径が $a = \dfrac{\hbar^2}{me^2} = 0.529\,\text{Å}$ であることを証明せよ．

【問2】 1次元のポテンシャル $V(x)$ で運動する粒子の全エネルギーは，$H = \dfrac{1}{2}m\dot{x}^2 + V(x)$ と表される．ここで $\dot{x} = \dfrac{dx}{dt}$ である．このとき $xH - Hx = i\hbar \dot{x}$ を証明せよ．一般に，任意の演算子 q に対して，

$$\boxed{qH - Hq = i\hbar \frac{\partial q}{\partial t}}$$

が成立する．これが行列力学の基本の方程式である．

第4章　摂動論とイオン結晶

「数理物理学者は非常に多くの級数展開を導入するのだが，これらの展開が収束することを疑う者はだれもいない．」(価値 p.166)
「物理学者は，いつでも，その計算の中にはいってくる関数はすべて多項式であるかのように仮定して，推論を進めることができる．」(価値 p.166)
「フーリエ級数のあとに，類似の他の級数が解析学の領域にはいってきた．それらの級数は応用をめざして考え出されたのであった．」(価値 p.162)

1.　時間に依存しない摂動

時間を含まない摂動論を使って，原子軌道に摂動を与えたものがイオン結晶を表すことを説明するのが本章の目的である．シュレディンガー方程式

$$H_0 u_n^0 = E_n^0 u_n^0 \qquad (n = 1, 2, 3, \cdots) \tag{1}$$

が正確に解けているとする．固有値を $E_1^0, E_2^0, \cdots$，固有関数を $u_1^0, u_2^0, \cdots$，と表すと，縮退のないときには，固有値は互いに異なり，固有関数は互いに直交し（内積がゼロ）長さは1である．H_0 に摂動 $\lambda H'$ が加わり H_0 とは僅かに異なるハミルトニアン H に変化したとする．

$$H = H_0 + \lambda H'. \tag{2}$$

例えば，水素原子に弱い磁場や電場がかかったとき，Na^+ と Cl^- の間にイオン結合が生じたとき，あるいは，内殻空孔が生じた場合などが摂動に相当する．

$$H u_n = E_n u_n \tag{3}$$

が求める固有値 E_n と固有関数 u_n が満たす方程式である．u_n, E_n を λ のべきで展開すると，

$$u_n = u_n^0 + \lambda u'_n + \lambda^2 u''_n + \cdots, \tag{4a}$$

$$E_n = E_n^0 + \lambda E'_n + \lambda^2 E''_n + \cdots. \tag{4b}$$

式 (2), (4) を式 (3) に代入すると,

$$(H_0 + \lambda H')(u_n^0 + \lambda u'_n + \lambda^2 u''_n + \cdots) = (E_n^0 + \lambda E'_n + \lambda^2 E''_n + \cdots)(u_n^0 + \lambda u'_n + \lambda^2 u''_n + \cdots).$$

この式において λ^0 の項は, 式 (1) になる. 無摂動項で解は既知である. λ^1 の項は,

$$H_0 u'_n + H' u_n^0 = E_n^0 u'_n + E'_n u_n^0 \tag{5}$$

式 (5) に左から $\langle u_n^0 |$ を掛けて内積をとる (左から複素共役な u_n^{0*} を掛けて積分する) と, 式 (5) の中から $\langle u_n^0 |$ 軸に平行な成分だけを抜き出すことに相当するが,

$$\langle u_n^0 | H_0 | u'_n \rangle + \langle u_n^0 | H' | u_n^0 \rangle = E_n^0 \langle u_n^0 | u'_n \rangle + E'_n \langle u_n^0 | u_n^0 \rangle.$$

左辺第 1 項 $= \langle u'_n | H_0 | u_n^0 \rangle$

$= \langle u'_n | E_n^0 | u_n^0 \rangle$

$= E_n^0 \langle u'_n | u_n^0 \rangle =$ 右辺第 1 項, となって両辺から消えるので,

$E'_n = \langle u_n^0 | H' | u_n^0 \rangle$ (1次摂動エネルギー) が得られる. 次に u'_n を求める. u_1^0, u_2^0 以外の寄与がほとんどなく, すなわち, c_1, c_2 は大きいが, c_3 以上の係数は無視できるとする. これは図1に示すように, 固有関数 u_1^0, u_2^0 が平面 (2次元) で互いに直交する単位ベクトルと考えることに相当する.

$$u'_n = \sum_k c_k u_k^0 = c_1 u_1^0 + c_2 u_2^0 \tag{6}$$

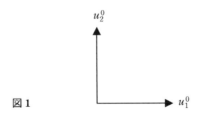

図 1

第4章 摂動論とイオン結晶

以下の式でも $u'_n = \sum_k c_k u_k^0$ と無限級数展開しておくが，Σ は $k=1,2$ だけで和を取っていると思いながら式を読むと良い．λ^1 の項を抜き出した式 (5) に代入すると，$\sum_k c_k H_0 u_k^0 + H' u_n^0 = E_n^0 \sum_k c_k u_k^0 + E'_n u_n^0$．左辺第1項では $H_0 u_k^0 = E_k^0 u_k^0$ だから，$\sum_k c_k (E_n^0 - E_k^0) u_k^0 = H' u_n^0 - E'_n u_n^0$ となる．両辺に左から $\langle u_k^0 |$ $(k \neq n)$ を掛けて積分すると，$\left\langle u_k^0 \middle| \sum_k c_k (E_n^0 - E_k^0) \middle| u_k^0 \right\rangle = \left\langle u_k^0 \middle| H' \middle| u_n^0 \right\rangle - E'_n \left\langle u_k^0 \middle| u_n^0 \right\rangle$．左辺は直交性から第 k 項だけが残る．右辺第2項は直交性から0となるので，

$$c_k = -\frac{\left\langle u_k^0 \middle| H' \middle| u_n^0 \right\rangle}{E_k^0 - E_n^0}.$$ これを式（4a）で λ^1 までで打ち切った式に代入すると，

$$u_n = u_n^0 + \lambda u'_n$$
$$= u_n^0 + \lambda \sum_k {}' \frac{\left\langle u_k^0 \middle| H' \middle| u_n^0 \right\rangle}{E_n^0 - E_k^0} u_k^0 .$$

ここで，Σ' は $k \neq n$ で和をとることを意味する．

2次元の式（6）の場合 $u'_n = c_1 u_1^0 + c_2 u_2^0$ なので，以上をまとめると，1次の摂動エネルギーは，

$$E'_n = H'_{nn} = \int \overline{u_n^0} H' u_n^0 \, d\tau$$
$$= \left\langle u_n^0 \middle| H' \middle| u_n^0 \right\rangle . \quad (n=1,2)$$

2次元で表すと，1次の摂動エネルギーは，H'_{11} と H'_{22} である．波動関数は，

$$u'_n = \sum_k {}' \frac{\left\langle u_k^0 \middle| H' \middle| u_n^0 \right\rangle}{E_n^0 - E_k^0} u_k^0 . \tag{7}$$

すなわち，

$$u_1 = u_1^0 + \lambda \frac{H'_{21}}{E_1^0 - E_2^0} u_2^0, \; u_2 = u_2^0 + \lambda \frac{H'_{12}}{E_2^0 - E_1^0} u_1^0 . \tag{8}$$

式 (5) と同様に λ^2 の項について整理して同じことを行なうと，

$$E''_n = \sum_k {}' \frac{\left| \left\langle u_k^0 \middle| H' \middle| u_n^0 \right\rangle \right|^2}{E_n^0 - E_k^0} = \sum_k {}' \frac{|H'_{kn}|^2}{E_n^0 - E_k^0} . \tag{9}$$

式 (7) と式 (9) を比べると，1次の波動関数と2次のエネルギーの形が似ていることに気づくと思う．

2. イオン結晶への応用

イオン結合している2原子分子 AB を考える．NaCl のようなイオン結晶固体でも同様に扱うことが可能である．その場合，中心金属 Na^+ に対して最近接の6個の Cl^- イオンの 3p 軌道の線形結合を χ_B とすればよい．

$$\psi_b = C_1 \chi_A + C_2 \chi_B$$

というように，分子軌道を LCAO-MO (linear combination of atomic orbitals で表した molecular orbital) で表す．ディラック (Dirac) のブラケットを使って状態ベクトルを表せば，

$$|b\rangle = C_1 |A\rangle + C_2 |B\rangle$$

である．この分子軌道はシュレディンガー方程式

$$H|b\rangle = E|b\rangle \tag{10}$$

を満たす．左から $\langle b|$ をかけて積分する（すなわち内積をとる）．ベクトルの内積と関数の積分は1対1に対応する．$\int f^* \cdot g d\tau \Leftrightarrow (\overline{\boldsymbol{f}}, \boldsymbol{g}) \Leftrightarrow \langle f|g\rangle$．ここで上付き横線や＊印は複素共役を表す．

$$\langle b|H|b\rangle = E\langle b|b\rangle \quad \therefore E = \frac{\langle b|H|b\rangle}{\langle b|b\rangle} . \tag{11}$$

$$
\begin{aligned}
\text{分母} &= \langle C_1\chi_A + C_2\chi_B | C_1\chi_A + C_2\chi_B \rangle \\
&= C_1^2 \langle \chi_A|\chi_A\rangle + 2C_1C_2 \langle \chi_A|\chi_B\rangle + C_2^2 \langle \chi_B|\chi_B\rangle \\
&= C_1^2 + 2C_1C_2 S + C_2^2
\end{aligned}
$$

$$
\begin{aligned}
\text{分子} &= \langle C_1\chi_A + C_2\chi_B | H | C_1\chi_A + C_2\chi_B \rangle \\
&= C_1^2 \langle \chi_A|H|\chi_A\rangle + 2C_1C_2 \langle \chi_A|H|\chi_B\rangle + C_2^2 \langle \chi_B|H|\chi_B\rangle \\
&= C_1^2 \alpha_A + 2C_1C_2 \beta + C_2^2 \alpha_B
\end{aligned}
$$

したがって分母・分子を式 (11) に代入すると，

第4章　摂動論とイオン結晶

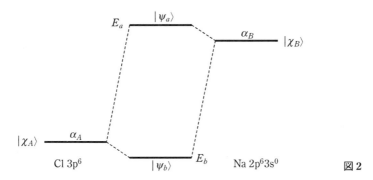

図2

$$E = \frac{C_1^2 \alpha_A + C_2^2 \alpha_B + 2C_1C_2\beta}{C_1^2 + C_2^2 + 2C_1C_2S} \quad . \tag{12}$$

ここで，

$$\alpha_A = H_{AA} = \langle \chi_A | H | \chi_A \rangle = \int \chi_A^* H \chi_A d\tau , \tag{13a}$$

$$\alpha_B = H_{BB} = \langle \chi_B | H | \chi_B \rangle = \int \chi_B^* H \chi_B d\tau , \tag{13b}$$

$$\beta = H_{AB} = \langle \chi_A | H | \chi_B \rangle = \int \chi_A^* H \chi_B d\tau = \int \chi_B^* H \chi_A d\tau , \text{（共鳴積分）} \tag{13c}$$

$$S = \langle \chi_A | \chi_B \rangle . \tag{13d}$$

H は分子のハミルトニアンであることに注意．
変分法ではエネルギーが最低になるときが真の解に最も近いと考えるので，

$$\frac{\partial E}{\partial C_1} = \frac{\partial E}{\partial C_2} = 0$$

が最も低いエネルギーをとるための必要条件である．式（12）を変形すると，

$$(C_1^2 + C_2^2 + 2C_1C_2S)E = C_1^2\alpha_A + C_2^2\alpha_B + 2C_1C_2\beta .$$

両辺を C_1 で微分すると，$2C_1 + 2C_2 S = 2C_1 \alpha_A + 2C_2 \beta$，
両辺を C_2 で微分すると，$2C_2 + 2C_1 S = 2C_2 \alpha_B + 2C_1 \beta$．
整理して，

$$\begin{cases} (\alpha_A - E)C_1 + (\beta - ES)C_2 = 0 \\ (\beta - ES)C_1 + (\alpha_B - E)C_2 = 0 \end{cases} \text{すなわち} \begin{pmatrix} \alpha_A & \beta - ES \\ \beta - ES & \alpha_B \end{pmatrix}\begin{pmatrix} C_1 \\ C_2 \end{pmatrix} = E\begin{pmatrix} C_1 \\ C_2 \end{pmatrix}$$

これは $H\psi = E\psi$ を行列とベクトルで表したものである．

を得る.係数行列式 = 0 となるのが $C_1 = C_2 = 0$ 以外の解を持つ必要条件である.

$$\begin{vmatrix} \alpha_A - E & \beta - ES \\ \beta - ES & \alpha_B - E \end{vmatrix} = 0 \tag{14}$$

これは,E に関する2次方程式となり,解 E_a と E_b が求まる.

式(10)から(14)をもっと簡単に求めるには,ベクトルの射影を使う.式(10)に左から $\langle \chi_A |$ をかけて積分すると,

$$\langle \chi_A | H | b \rangle = E \langle \chi_A | b \rangle$$

$$\langle \chi_A | H | C_1 \chi_A + C_2 \chi_B \rangle = E \langle \chi_A | C_1 \chi_A + C_2 \chi_B \rangle$$

計算して,

$$C_1 \langle A | H | A \rangle + C_2 \langle A | H | B \rangle = E C_1 \langle A | A \rangle + E C_2 \langle A | B \rangle$$

したがって,

$$C_1 \alpha_A + C_2 \beta = E C_1 + E C_2 S$$

同様に左から $\langle \chi_B |$ をかけると,

$$C_1 \beta + C_2 \alpha_B = E C_1 S + E C_2$$

両方をまとめて同様に式(14)が求まる.

ところで,式(13a)〜(13c)は2×2行列の各成分を表している.

$$H = \begin{pmatrix} H_{AA} & H_{AB} \\ H_{BA} & H_{BB} \end{pmatrix} = \begin{pmatrix} \alpha_A & \beta \\ \beta & \alpha_B \end{pmatrix} \tag{15}$$

イオン結晶では,共鳴積分は 1 eV 程度,それに比べて,Na$^+$ と Cl$^-$ イオンの最外殻のエネルギー準位の差(Na 2p − Cl 3p)は 10 eV 程度なので1桁の違いがある.したがって $|H_{AB}| \ll H_{BB} - H_{AA}$ なので式(15)は,

$$H = \begin{pmatrix} \alpha_A & 0 \\ 0 & \alpha_B \end{pmatrix} + \begin{pmatrix} 0 & \beta \\ \beta & 0 \end{pmatrix} = H_0 + H',$$

あるいは,式(14)と比較すると,

$$H = \begin{pmatrix} \alpha_A & 0 \\ 0 & \alpha_B \end{pmatrix} + \begin{pmatrix} 0 & \beta - ES \\ \beta - ES & 0 \end{pmatrix} = H_0 + H'$$

と考えても良い.

第4章 摂動論とイオン結晶

前節で1次の摂動エネルギーが $\langle u_n^0 | H' | u_n^0 \rangle$, 2次の摂動エネルギーが $\dfrac{|H'_{kn}|^2}{E_n^0 - E_k^0}$ であることを見たが，2×2 行列 H' の対角項（$= 0$）が1次の摂動エネルギーに対応し，非対角項が2次の摂動エネルギーに関係している．

求めたいエネルギーは

$$E_b = E^{(0)} + E^{(1)} + E^{(2)}$$
$$= \alpha_A + 0 + \frac{(\beta - ES)^2}{\alpha_A - \alpha_B}$$

右辺の E に E_b を代入しても良いが，簡単に，$E = \alpha_A$ を代入し，

$$E_b = \alpha_A + \frac{(\beta - \alpha_A S)^2}{\alpha_A - \alpha_B}.$$

もう一方の固有値も同様にして，

$$E_a = \alpha_B - \frac{(\beta - \alpha_B S)^2}{\alpha_A - \alpha_B}.$$

2次方程式（14），すなわち $(\alpha_A - E)(\alpha_B - E) - (\beta - ES)^2 = 0$ を解くよりずっと簡単で見通しの良い表式を得ることができた．このとき対応する固有関数を，

$$\psi_b = \frac{1}{\sqrt{N_b}}(\chi_A + \gamma \chi_B), \quad \psi_a = \frac{1}{\sqrt{N_a}}(\chi_B - \lambda \chi_A)$$

と置く．ここで，$\sqrt{N_b}$, $\sqrt{N_a}$ は規格化のための定数である．

H_0 の対角項の和 $\alpha_A + \alpha_B$ は，摂動（非対角項）が加わっても変化しないことに注意しておく．計算間違いを避けるためには，摂動計算の途中で対角項の和（トレース，Tr）を計算してチェックする．この種の対角項の和の保存則は様々な場面で登場するが，一般に sum ルールと呼んでいる．摂動の前後でエネルギーの重心が変化しないことに対応する．摂動は分裂を生じるが一般に重心は変化しない．

規格化定数を省略して波動関数を書き下すと，

$$\psi_b = \chi_A + \frac{(\beta - \alpha_A S)}{\alpha_A - \alpha_B} \chi_B = \chi_A + \gamma \chi_B$$

$$\psi_a = \chi_B - \frac{(\beta - \alpha_B S)}{\alpha_A - \alpha_B} \chi_A = \chi_B - \lambda \chi_A$$

【問】 このとき，$\lambda = \gamma + S$ を証明せよ．

【答】 分子軌道の直交性から（同じ分子のハミルトニアンの固有関数なので），

$$\langle \psi_a | \psi_b \rangle = \langle \chi_B - \lambda \chi_A | \chi_A + \gamma \chi_B \rangle$$
$$= \langle B | A \rangle - \lambda \langle A | A \rangle + \gamma \langle B | B \rangle - \lambda \gamma \langle A | B \rangle$$

λ も γ も摂動パラメータで，1に比べて小さいので2次の項 $\lambda \gamma$ を無視すれば，

$$= S - \lambda + \gamma = 0.$$

従って，$\lambda = \gamma + S$．

$\langle \chi_A | \chi_B \rangle = S \neq 0$ となるのは，χ_A と χ_B は異なる原子のハミルトニアンの固有関数だから．

参考書・参考文献

前半の摂動の式の導出はどの量子力学の本にも出ている．例えば

[1] 原島 鮮：「初等量子力学」, 裳華房 (1972).

私は，学部2年のとき，この教科書を使った田辺行人先生の講義で量子力学を正式に学び始めた．後半の摂動によるイオン結晶の扱いについては

[2] 上村 洸, 菅野 暁, 田辺行人：「配位子場理論とその応用」, 裳華房 (1969) 12章.

[3] 里子允敏, 菅野 暁：光電子分光で何がわかるか, in「電子の分光」, 共立出版 (1978) pp.43-89.

[4] 上村 洸, 中尾憲司：「電子物性論＝物性物理・物質科学のための」, 培風館 (1995) p.34.

[5] S. Sugano, Y. Tanabe, H. Kamimura: Multiplets of Transition-Matal Ions in Crystals, Academic, New York (1970). これは[2]の英訳本．

Appendix に関しては，

[6] W. Pauli: Wave Mechanics, Ed. C. P. Enz, Translated by S. Margulies and H. R. Lewis, Forward by V. F. Weisskopf, 1973 MIT Press, Massachusetts, (Dover, NY, 2000). 右図は同じシリーズのVol.2.

第4章　摂動論とイオン結晶

Appendix　水素原子の波動関数

$$R_{1s}(r) = \left(\frac{Z}{a_0}\right)^{3/2} 2\exp\left(-\frac{Zr}{a_0}\right)$$

$$R_{2s}(r) = \left(\frac{Z}{a_0}\right)^{3/2} \frac{1}{\sqrt{2}}\left(1 - \frac{Zr}{2a_0}\right)\exp\left(-\frac{Zr}{2a_0}\right)$$

$$R_{2p}(r) = \left(\frac{Z}{a_0}\right)^{3/2} \frac{1}{2\sqrt{6}} \frac{Zr}{a_0} \exp\left(-\frac{Zr}{2a_0}\right)$$

$$R_{3s}(r) = \left(\frac{Z}{a_0}\right)^{3/2} \frac{2}{3\sqrt{3}} \left[1 - \frac{2Zr}{3a_0} + \frac{2}{27}\left(\frac{Zr}{a_0}\right)^2\right] \exp\left(-\frac{Zr}{3a_0}\right)$$

$$R_{3p}(r) = \left(\frac{Z}{a_0}\right)^{3/2} \frac{8}{27\sqrt{6}} \frac{Zr}{a_0} \left(1 - \frac{Zr}{6a_0}\right) \exp\left(-\frac{Zr}{3a_0}\right)$$

$$R_{3d}(r) = \left(\frac{Z}{a_0}\right)^{3/2} \frac{4}{81\sqrt{30}} \left(\frac{Zr}{a_0}\right)^2 \exp\left(-\frac{Zr}{3a_0}\right)$$

$$Y_{00} = \frac{1}{\sqrt{4\pi}}$$

$$Y_{10} = \sqrt{\frac{3}{4\pi}} \cos\theta,\ Y_{1\pm 1} = \mp\sqrt{\frac{3}{8\pi}} \sin\theta(\cos\phi \pm i\sin\phi)$$

$$Y_{20} = \sqrt{\frac{5}{16\pi}} (2\cos^2\theta - \sin^2\theta),\ Y_{2\pm 1} = \mp\sqrt{\frac{15}{8\pi}} \sin\theta\cos\theta(\cos\phi \pm i\sin\phi),$$

$$Y_{2\pm 2} = \sqrt{\frac{15}{8\pi}} \sin^2\theta(\cos 2\phi \pm i\sin 2\phi)$$

$$|nlm\rangle = \psi_{nlm}(r,\theta,\phi) = R_{nl}(r) Y_{lm}(\theta,\phi)$$

$$P_{nl} = rR_{nl}$$

$$\langle n'l'm'|nlm\rangle$$

$$= \int R_{n'l'}(r) Y_{l'm'}(\theta,\phi) R_{nl}(r) Y_{lm}(\theta,\phi) d\tau$$

$$= \int_0^{+\infty} r^2 dr \int_0^\pi \sin\theta d\theta \int_0^{2\pi} d\phi R_{n'l'}(r) Y_{l'm'}(\theta,\phi) R_{nl}(r) Y_{lm}(\theta,\phi)$$

$$= \int_0^{+\infty} dr \int_0^\pi \sin\theta d\theta \int_0^{2\pi} d\phi \{rR_{n'l'}(r)\} Y_{l'm'}(\theta,\phi) \{rR_{nl}(r)\} Y_{lm}(\theta,\phi)$$

$$= \int_0^{+\infty} dr \int_0^\pi \sin\theta d\theta \int_0^{2\pi} d\phi P_{n'l'}(r) Y_{l'm'}(\theta,\phi) P_{nl}(r) Y_{lm}(\theta,\phi)$$

$$= \langle P_{n'l'} | P_{nl} \rangle \langle Y_{l'm'} | Y_{lm} \rangle$$

$$ nlm\ n'l'm' \quad nl\ n'l' \quad lm\ l'm'$$
$$\langle 1s | 2s \rangle = \langle 100 | 200 \rangle = \langle 10 | 20 \rangle \langle 00 | 00 \rangle = 0 \cdot 1$$
$$\langle 1s | 2p_z \rangle = \langle 100 | 210 \rangle = \langle 10 | 21 \rangle \langle 00 | 10 \rangle = 0$$

ここで, $dx\,dy\,dz = r^2 dr \sin\theta\,d\theta\,d\phi$

【問】 $P_{nl}(r)$ と $R_{nl}(r)$ を r に対してプロットせよ.

中心力 $V(r)$ のシュレディンガー方程式は,

$$-\frac{\hbar^2}{2m}\nabla^2\psi + V(r)\psi = E\psi$$

これを球座標で表す. 球座標は

$$x = r\sin\theta\cos\phi$$
$$y = r\sin\theta\sin\phi$$
$$z = r\cos\theta$$

である. このときラプラシアンは

$$\nabla^2\psi = \frac{1}{r}\frac{\partial^2(r\psi)}{\partial r^2} + \frac{1}{r^2}\left\{\frac{1}{\sin\theta}\frac{\partial}{\partial\theta}\left(\sin\theta\frac{\partial\psi}{\partial\theta}\right) + \frac{1}{\sin^2\theta}\frac{\partial^2\psi}{\partial\phi^2}\right\}$$

$\psi = \varphi(r) \cdot Y(\theta,\phi)$ と変数分離できると仮定すると, これをシュレディンガー方程式に代入して, 左辺と右辺に変数分離できるので,

$$\frac{1}{\varphi(r)}\frac{d}{dr}\left(r^2\frac{d\varphi}{dr}\right) + \frac{2mr^2}{\hbar^2}\{E-V(r)\} = -\frac{1}{Y(\theta,\phi)}\left\{\frac{1}{\sin\theta}\frac{\partial}{\partial\theta}\left(\sin\theta\frac{\partial Y}{\partial\theta}\right) + \frac{1}{\sin^2\theta}\frac{\partial^2 Y}{\partial\phi^2}\right\} = l(l+1).$$

左辺が r, 右辺が θ と ϕ の関数なので, $= \lambda$ (定数) $= l(l+1)$ とおくと,

$$\frac{1}{\sin\theta}\frac{\partial}{\partial\theta}\left(\sin\theta\frac{\partial Y}{\partial\theta}\right) + \frac{1}{\sin^2\theta}\frac{\partial^2 Y}{\partial\phi^2} + l(l+1)Y = 0\ .$$

第5章 黒体放射と時間を含む摂動：レーザー，光学遷移

「一粒の大麦を一山の小麦の中にかくすことは容易だが，その後で大麦の粒を探し出してこれを取り出すことは実際上は不可能である．これらすべてのことについてはマクスウェルとボルツマンが説明を与えた．しかしこのことをもっとはっきり見た人はギブズ（Gibbs, Josiah Willard 1839-1902）であって，その『統計力学の原理』の中でこれを説明しているのだが，この本は読むのが少々むずかしいので，読む人があまりにも少ない憾みがある．」（価値 p.194）

1. レーリー－ジーンズの式における $\int \to \Sigma$ への入れ替え

黒体放射は「熱・物質移動の基礎」（丸善）で光子ガスを理想気体として扱うことによって導いたが，レーリー－ジーンズ（Rayleigh-Jeans）の古典力学的エネルギーの表式において積分記号を和の記号に入れ替えることによっても以下のように導くことができる．

黒体は放射の完全な吸収体で，黒体に当るすべての光を吸収する．全く反射しないし全く透過しない．黒体を加熱すると光を放射しはじめる．光が黒体に入射すると反射も透過もしないで一旦吸収される．黒体が熱平衡状態にあれば入射するエネルギーと放射されるエネルギーが等しくなる．

一自由度当りの振動子のエネルギー $\langle E \rangle$ は，

$$\langle E \rangle = \frac{\int_0^\infty E \exp\left(-\frac{E}{kT}\right) dE}{\int_0^\infty \exp\left(-\frac{E}{kT}\right) dE} \tag{1}$$

である．

分母 $= kT \int_{-\infty}^{0} e^y dy$ 　 $[y = -E/(kT)$ とおいた$]$

　　　$= kT$．

部分積分を使うと，

分子 $= \int_0^\infty (E)\left(e^{-E/kT}\right)dE = (E)\left(-kTe^{-E/kT}\right)\Big|_0^\infty - \int_0^\infty (dE)\left(-kTe^{-E/kT}\right)$ となる．ここで $u = E$, $u' = dE$, $dv = e^{-E/kT}dE$ と置いた．したがって，分子 $= (kT)^2$ となる．以上から古典的な振動子の集団の一自由度当りの平均エネルギーは $\langle E \rangle = kT$ となる．光の振動数が ν と $\nu + d\nu$ の間にある振動の自由度は，$8\pi\nu^2/c^3 d\nu$ なので（「熱・物質移動の基礎」p.117），温度 T の黒体から放射される ν から $\nu + d\nu$ の間のエネルギーは，$u(\nu,T)d\nu = \dfrac{8\pi\nu^2}{c^3}kTd\nu$ となる．エネルギー密度 $u(\nu,T) = $（周波数 ν に対する自由度）×（一自由度当りの平均エネルギー）だからである．これはレーリー－ジーンズの黒体放射の式である．式 (1) において $\int$ を $\sum$ に入れ替えてみる．ここで $\varepsilon = h\nu$，$E = n\varepsilon = nh\nu$（$n = 0, 1, 2, \cdots$）とすると，

$$\langle E \rangle = \frac{\displaystyle\sum_{n=0}^{\infty} n\varepsilon \cdot \exp(-n\varepsilon/kT)}{\displaystyle\sum_{n=0}^{\infty} \exp(-n\varepsilon/kT)} \tag{2}$$

となるので，この式を計算してみる．ここで，$\displaystyle\sum_{n=0}^{\infty} x^n = 1 + x + x^2 + x^3 + \cdots = \dfrac{1}{1-x}$ および，その微分，$\displaystyle\sum_{n=0}^{\infty} nx^{n-1} = 1 + 2x + 3x^2 + 4x^3 + \cdots = \dfrac{1}{(1-x)^2}$ を用いる．分母 $= \dfrac{1}{1-e^{-\varepsilon/kT}}$，分子 $= \dfrac{\varepsilon e^{-\varepsilon/kT}}{\left(1-e^{-\varepsilon/kT}\right)^2}$ となるので，$\varepsilon = h\nu$ とすれば平均エネルギー $= \dfrac{h\nu}{e^{h\nu/kT}-1}$ となる．自由度を掛けると，$u(\nu,T)d\nu = \dfrac{8\pi\nu^2}{c^3} \cdot \dfrac{h\nu}{e^{h\nu/kT}-1}d\nu$ となってプランクの式を得る．

2. アインシュタインの遷移確率（1916年）

2つのエネルギー準位をもつ原子が輻射場と熱的な平衡状態に達していると仮定する．原子と輻射場とは，$\omega_{10} = (E_1 - E_0)/\hbar > 0$ なる周波数の電磁波を吸収・放射することによってやりとりする．このときアインシュタイン（Einstein）は次の3つのプロセスを考えるとプランクの黒体放射の式が導出できることを示した．

① 誘導放出 （stimulated emission）
② 誘導吸収 （stimulated absorption）
③ 自発放射 （spontaneous emission）

第5章 黒体放射と時間を含む摂動：レーザー，光学遷移

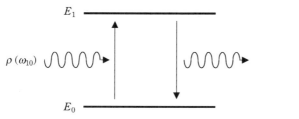

図1

　平衡状態では，① と ② は外部輻射場の単位周波数当りのエネルギー密度 $\rho(\omega_{10})$ に比例すると考える事ができる．X線が入射して電子が空準位へ励起される現象 ② は理解しやすい．自発放射 ③ も内殻空孔が生じた後に蛍光X線が発生する過程として理解しやすい．③ は外部光子場がなくても生じるので $\rho(\omega_{10})$ には依存しない．誘導放出 ① は振動電場で原子が摂動を受けて光を放射する過程で，レーザーを知っている現代人には理解しやすい．光の放射が ① と ③ の2つのプロセスがあることを考えたのは，プランクの式を狙って，どういう項があればよいのか試行錯誤したからではないかと思う．

　吸収 $0 \to 1$ の生じる速度（単位時間当りの遷移の数）は，

$$\frac{dN(0 \to 1)}{dt} = B_{01} N(0) \rho(\omega_{10})$$

ここで，状態 0 にある原子の数を $N(0)$，比例定数を B_{01} とした．一方で放射 $(1 \to 0)$ の速度は，

$$\frac{dN(0 \to 1)}{dt} = B_{10} N(1) \rho(\omega_{10}) + A_{10} N(1)$$

と表される．ここで A はアインシュタインの自発遷移確率，B はアインシュタインの誘導遷移確率と呼ばれる．$B_{10} = B_{01}$ であろうと考えるのが妥当である．平衡状態では $0 \to 1$ と $1 \to 0$ の遷移速度が等しいはずであるから，

$$B_{01} N(1) \rho(\omega_{10}) + A_{10} N(1) = B_{10} N(0) \rho(\omega_{10})$$

となる．これを ρ について解けば，

$$\rho(\omega_{10}) = \frac{A_{10}/B_{10}}{[N(0)/N(1)] - 1}.$$

温度 T における熱平衡状態では原子数の比はボルツマン分布 $\dfrac{N(0)}{N(1)} = \exp\left(\dfrac{\hbar\omega_{10}}{kT}\right)$ になると仮定すれば（原子は1個1個区別できる古典粒子であると考えることに相当する），

$$\rho(\omega_{10}) = \dfrac{A_{10}}{B_{10}} \dfrac{1}{\exp\left(\dfrac{\hbar\omega_{10}}{kT}\right) - 1}$$

を得る．この式はプランクの式

$$\rho(\omega_{10})d\nu = \dfrac{8\pi\nu^2}{c^3} \cdot \dfrac{h\nu}{\exp\left(\dfrac{\hbar\omega_{10}}{kT}\right) - 1} d\nu$$

に似ている．$\beta = \dfrac{1}{kT}$ と置き換えると，この式の中心部分は，$\dfrac{1}{e^{\beta E} - 1}$ となり，光子などボーズ粒子に対するボーズ–アインシュタイン（Bose-Einstein）統計を表す（整数スピン）．マクスウェル–ボルツマン（Maxwell-Boltzmann）統計は $\dfrac{1}{e^{\beta E}}$ であり古典粒子に対して成立する．電子のようなフェルミ粒子（半整数スピン）に対するフェルミ–ディラック（Fermi-Dirac）統計は $\dfrac{1}{e^{\beta E} + 1}$ である．

【問】 自発遷移だけを考慮し，誘導遷移を考慮しなかったとしたら，プランクの式ではなくヴィーン（Wien）の式が得られることを示せ．（第3章の文献 [10] p.69 参照）

光の吸収 $|0\rangle \to |1\rangle$ は，輻射場の光子数 n に比例して生じる．光の放射 $|1\rangle \to |0\rangle$ は $n+1$ に比例する．調和振動子の階段を1段登ったので $n \to n+1$ と増加したように考えてもよいが，$n+1$ の内，n は誘導放出によるもので，誘導吸収と誘導放射が外部の輻射場の光子数 n に比例していることを意味している．$+1$ の部分は自発放射で「真空のゆらぎ」によって生成した輻射場と電子との相互作用による項を表している．

3. He-Ne レーザー

Ne ガスと1桁多い He ガスを 1 Torr で封入し高電圧をかける．この程度の気

第5章 黒体放射と時間を含む摂動：レーザー，光学遷移

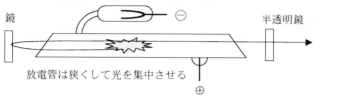

図2

圧のとき気体は最も放電しやすく，放電によってHeの準安定原子He*(1s^{1}2s^1)ができる．He*は発光しないので，He* + Ne → He + Ne* という衝突によってNeの励起状態が生成し，Neが誘導放出によって発光するとき光の位相がそろう．これがレーザーである．

4. 時間に依存する摂動

水素原子のような系へ光が入射したとき，図1に示すような光の吸収と電子の励起が生じる．時間を含む摂動によって光の吸収による電子の遷移を扱う．

定常状態のハミルトニアンH_0の固有値をE_0, E_1，固有関数を，Ψ_0, Ψ_1とする．Ψ_0が基底状態である．光のスイッチが入り，原子が光を吸収することによって$0 \to 1$の電子遷移が生ずる現象を考える．任意の時刻の波動関数を，

$$\Psi(x, t) = \gamma_0 \Psi_0(x, t) + \gamma_1 \Psi_1(x, t)$$

と表す．遷移の途中はジャンプではない．光も量子論的に扱うならば電磁場を量子化する必要があるが，本章では電磁場は古典的に扱う．後に見るように電磁場を調和振動子の集まりとして扱うのが場の量子化である．

光が原子に入射するとハミルトニアンは時間的に変化する．電荷$-e$をもつ電子に電磁場から働く力は，$F = -e\varepsilon$ で表される（ここで電場をεで表すのはエネルギーのEと区別するため）．ここでεは振動する電場を表す．ポテンシャルエネルギーVと力の関係は$F = -\mathrm{grad}\, V$なので，電場の振動方向がz軸方向なら，$V = \varepsilon ez$ となる．電磁場は電場と磁場の和であるが，電子の振動（周回）速度が光速に比べて十分遅いときには，磁場の効果は無視できる．電場と磁場から電子が受ける力は，$F = -e\left(\varepsilon + \dfrac{v}{c} \times B\right)$である．真空中では$|\varepsilon| = |H|$なので，

$\frac{v}{c}$ が無視できれば磁場の効果も無視できるからである. z 軸方向に振動する電場によって電子が受ける力は z 軸方向に限られるので, 波動関数は (z,t) のみの関数であると考えることができる: $\Psi(z,t) = \gamma_0 \Psi_0(z,t) + \gamma_1 \Psi_1(z,t)$.

異方性のあるグラファイトのような結晶に対して z 軸方向に偏光した光 (電場の振動方向が z 軸) を照射する場合には, グラファイトの z 軸方向の電子の振動だけを考えればよい. グラファイトの微結晶が様々な方向を向いている場合には, x, y, z 軸方向に偏光した光を照射した場合の遷移の振幅をそれぞれ 2 乗し, 現実の微結晶の配向性を考慮して和をとったり [$(x+y+z)^2$ ではなく, $x^2+y^2+z^2$ という意味], 単結晶の結晶面へ斜めに入射する場合には, 軌道を見込む角度を考慮する. z 軸を考えるのは, 原子の p 軌道を考えるときに, p_x, p_y 軌道は複素数の球面調和関数の線形結合になるが, p_z 軌道は単純な実数関数になって扱いやすいからである.

シュレディンガー方程式は, $(H_0 + H')\Psi(z,t) = i\hbar \frac{\partial \Psi(z,t)}{\partial t}$ であるが, 電荷 e, 質量 m の調和振動子に電場 ε がかかったと仮定すると,

$$\left(-\frac{\hbar^2}{2m}\frac{\partial^2}{\partial z^2} + \frac{1}{2}kz^2 + \varepsilon e z\right)\Psi(z,t) = i\hbar \frac{\partial \Psi(z,t)}{\partial t}. \tag{3}$$

ここで $\varepsilon e z$ は電磁場からのポテンシャルエネルギー. このシュレディンガー方程式の解として,

$$\Psi(z,t) = \gamma_0(t)\Psi_0(z,t) + \gamma_1(t)\Psi_1(z,t) = \gamma_0(t)\psi_0(z)\exp\left(-\frac{iE_0 t}{\hbar}\right) + \gamma_1(t)\psi_1(z)\exp\left(-\frac{iE_1 t}{\hbar}\right) \tag{4}$$

を仮定する. ここで E_0 と E_1 は, 上述したように, それぞれ基底状態と励起状態のエネルギーである. 式 (4) を式 (3) に代入すると,

$$\begin{aligned}
\text{左辺} &= \left(-\frac{\hbar^2}{2m}\frac{\partial^2}{\partial z^2} + \frac{1}{2}kz^2 + \varepsilon e z\right)(\gamma_0 \Psi_0 + \gamma_1 \Psi_1) \\
&= H_0(\gamma_0 \Psi_0 + \gamma_1 \Psi_1) + \varepsilon e z(\gamma_0 \Psi_0 + \gamma_1 \Psi_1) \\
&= (\gamma_0 E_0 \Psi_0 + \gamma_1 E_1 \Psi_1) + \varepsilon e z(\gamma_0 \Psi_0 + \gamma_1 \Psi_1)
\end{aligned}$$

$$\text{右辺} = i\hbar\frac{\partial}{\partial t}\left\{\gamma_0(t)\psi_0(z)\exp\left(-\frac{iE_0 t}{\hbar}\right) + \gamma_1(t)\psi_1(z)\exp\left(-\frac{iE_1 t}{\hbar}\right)\right\}$$

第5章 黒体放射と時間を含む摂動：レーザー，光学遷移　63

$$= (\gamma_0 E_0 \Psi_0 + \gamma_1 E_1 \Psi_1) + i\hbar \left(\Psi_0 \frac{d\gamma_0}{dt} + \Psi_1 \frac{d\gamma_1}{dt} \right)$$

したがって，式 (3) は $\varepsilon ez(\gamma_0 \Psi_0 + \gamma_1 \Psi_1) = i\hbar \left(\Psi_0 \frac{d\gamma_0}{dt} + \Psi_1 \frac{d\gamma_1}{dt} \right)$ となる．左から $\langle \Psi_1 |$ をかけて内積をとる，つまり Ψ_1^* をかけて $z = -\infty$ から $+\infty$ まで積分すると，

$$\varepsilon \langle \Psi_1 | ez | \gamma_0 \Psi_0 + \gamma_1 \Psi_1 \rangle = i\hbar \left(\frac{d\gamma_0}{dt} \langle \Psi_1 | \Psi_0 \rangle + \frac{d\gamma_1}{dt} \langle \Psi_1 | \Psi_1 \rangle \right).$$

Ψ_0 と Ψ_1 はハミルトニアン H_0 の固有ベクトルなので，直交している．また規格化されているとすれば，

$$\varepsilon \left(\gamma_0 \langle \Psi_1 | ez | \Psi_0 \rangle + \gamma_1 \langle \Psi_1 | ez | \Psi_1 \rangle \right) = i\hbar \frac{d\gamma_1}{dt}.$$

$t = 0$ では $\gamma_0 = 1$，$\gamma_1 = 0$ なので，左辺第2項は落とすことができる（対称性からも0になることがわかる）．したがって，

$$\varepsilon \langle \Psi_1 | ez | \Psi_0 \rangle = i\hbar \frac{d\gamma_1}{dt}.$$

電場が $\varepsilon = \varepsilon_0 \cos \omega t = \varepsilon_0 (e^{i\omega t} + e^{-i\omega t})/2$ で変化する場合を考える．

$$\frac{1}{2} \varepsilon_0 \left(e^{i\omega t} + e^{-i\omega t} \right) \langle \Psi_1 | ez | \Psi_0 \rangle = i\hbar \frac{d\gamma_1}{dt},$$

$$\frac{1}{2} \varepsilon_0 \left(e^{i\omega t} + e^{-i\omega t} \right) \int_{-\infty}^{\infty} \left(\psi_1 e^{-iE_1 t/\hbar} \right)^* ez \left(\psi_0 e^{-iE_0 t/\hbar} \right) dz = i\hbar \frac{d\gamma_1}{dt},$$

$$\frac{d\gamma_1}{dt} = \frac{\varepsilon_0}{2i\hbar} \left(\exp[i(E_1 - E_0 + \hbar\omega) t/\hbar] + \exp[i(E_1 - E_0 - \hbar\omega) t/\hbar] \right) \langle \psi_1 | ez | \psi_0 \rangle.$$

電気双極子モーメントの行列成分 $\langle \psi_1 | ez | \psi_0 \rangle = M_{10}$ と書くと，積分して，

$$\gamma_1 = \frac{\varepsilon_0}{2} M_{10} \left(\frac{1 - \exp[i(E_1 - E_0 + \hbar\omega) t/\hbar]}{E_1 - E_0 + \hbar\omega} + \frac{1 - \exp[i(E_1 - E_0 - \hbar\omega) t/\hbar]}{E_1 - E_0 - \hbar\omega} \right).$$

この式の第2項は，$E_1 - E_0 = \hbar\omega$ に近づくとき第1項に比べて大きくなるので，共鳴吸収が生じるときに第1項を無視することができる．

電磁波の波長が原子に比べて長いときには，電子の振動の範囲内では均一な電場が作用していると考えることができるので，$V = \varepsilon ez$ と表した．可視光の

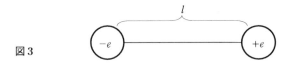

図3

波長は10^3Åのオーダーであるのに対して,原子の大きさは1Åのオーダーだからである.ezが電気双極子遷移モーメントの項である.電気双極子モーメントは$\mu = el$で定義される(図3).

銅のKα線の波長は1.54Åなので,X線を原子に照射した場合には,原子内でのX線の電場は均一とはみなせない.このような場合には電気四重極遷移を考慮する必要がある.また重元素になって電子の周回スピードが光速に近づくと磁場から受ける力を考慮する必要が出てくるので,磁気双極子モーメントを考慮する必要もでてくる.

参考書・参考文献

[1] D. McMahon: Quantum Mechanics, DeMYSTiFieD, McGraw-Hill, New York (2006). 1節の参考書.

[2] H. A. Bethe, R. Jackiw: Intermediate Quantum Mechanics, 3rd ed., Addison Wesley (1986, 1997) Chapter 10. 2節の参考書.

[3] R. C. Tolman: The Principles of Statistical Mechanics, Oxford University Press (1938), Dover, New York (1979) pp.373-383. 量子統計の参考書.

[4] 宅間 宏:「量子エレクトロニクス入門」,培風館 (1972) pp.113-114. レーザーの参考書.

[5] D. C. Harris, M. D. Bertolucci: Symmetry and Spectroscopy, An Introduction to Vibrational and Electronic Spectroscopy, Oxford University Press (1978), Dover, New York (1989) pp.130-134. 4節の参考書.

[6] ベクトルポテンシャル $A(r,t) = A_0 \left[\exp\{i(\boldsymbol{k}\cdot\boldsymbol{r}-\omega t)\} - \exp\{-i(\boldsymbol{k}\cdot\boldsymbol{r}-\omega t)\} \right]$

$$= A_0(e^{ikr}\cdot e^{-i\omega t} - e^{-ikr}\cdot e^{i\omega t}).$$

ここで,$\exp(\pm i\boldsymbol{k}\cdot\boldsymbol{r}) = 1 \pm i\boldsymbol{k}\cdot\boldsymbol{r} \mp \dfrac{(\boldsymbol{k}\cdot\boldsymbol{r})^2}{2!} \mp \cdots$ と展開できるので,各項の和は,

$1 : \dfrac{2\pi r}{\lambda} : \dfrac{1}{2}\left(\dfrac{2\pi r}{\lambda}\right)^2 : \cdots$ となる．波長 $\lambda \sim 10^{-5}\,\mathrm{cm}$ の光が，大きさ $10^{-8}\,\mathrm{cm}$ の原子へ入射する場合，この比は，$1 : 10^{-3} : 10^{-6} : \cdots$ となるので，第1項だけで十分である．したがって，ベクトルポテンシャルは，$A(r,t) = A_0(e^{-i\omega t} - e^{i\omega t})$ と簡単になる．6章の式（12）より，$\varepsilon = -\dfrac{1}{c}\dfrac{\partial A}{\partial t}$ なので，電場 ε の中で電荷 e がもつポテンシャルエネルギー $V = \varepsilon e z$ は，

$$
\begin{aligned}
V &= \varepsilon e z \\
&= \left(-\dfrac{1}{c}\dfrac{\partial A}{\partial t}\right) e z \\
&= \dfrac{i\omega A_0 e z}{c}\left(e^{-i\omega t} + e^{i\omega t}\right) \\
&= \dfrac{2i\omega A_0 e z}{c}\cos\omega t .
\end{aligned}
$$

これが電気双極子近似である．

[7]　100 MHz の FM アンテナから 100 km 離れた位置の電場を2乗して平均すると*，0.5 mV/m で，10^{12} 光子/cm²·s の光子密度がある．1波長は3 m なので，1辺を1波長とする立方体（27 m³）の中には 10^9 個の光子が存在する．

　　J. D. Jackson: Classical Electrodynamics, 3rd. Ed., Wiley (1999) p.4 .

[8]　1 mW の可視光の小出力レーザー光を 10 μm² の面積に集光すると，100 MW/m² のパワー密度になり，その電場強度は 600 V/m となり，電子を加速することができる．

　　霜田光一：レーザー物理入門，岩波書店 (1983) p.4 .

フェルミ分布関数とボーズ分布関数

[9]　ファインマン，レイトン，サンズ：ファインマン物理学V，量子力学，砂川重信訳，岩波書店 (1979) p.56，原著は III 巻 Ch.4, Sec.1 .

　　では，同種粒子の散乱振幅を表す式が，ボーズ粒子の場合は（直接の振幅）＋（交換したときの振幅）になり，フェルミ粒子の場合には（直接の振幅）－（交換したときの振幅）になるということに対して，"We apologize for the fact that we cannot give you an elementary explanation. An explanation has been worked out by

---

* root mean square

Pauli from complicated arguments of quantum field theory and relativity. He has shown that the two must necessarily go together, but we have not been able to find a way of reproducing his arguments on an elementary level. This probably means that we do not have a complete understanding of the fundamental principle involved." 交換項の符号の理由,従って,$\dfrac{1}{e^{\beta E} \pm 1}$ という本文で述べた統計分布を初等的に説明することは難しい.1920年代から1960年までの重要論文(ドイツ語からの英訳を含む)を再録して初等的なレベルで説明しようと試みた本が,I. Duck, E. C. G. Sudarshan: "Pauli and the Spin-Statistics Theorem", World Scientific (1997) である.必ずしも elementary level の説明に成功しているとは言い難いが,Einstein, Jordan, Bose, Dirac, Heisenberg, Fermi などの論文,ファインマンが「ファインマン物理学」で complicated arguments だと言った Pauli の論文や,Feynman 自身の elementary level の論文が1冊の本としてまとまっている.パウリの排他原理によってフェルミ粒子では $n = 0,1$ となることを仮定すれば,古典的な大分配関数(状態和)Z から機械的に分布関数を求めることは可能である[田崎晴明:「統計力学 II」培風館 (2008) p.376].ボーズ粒子に対しては $n = 0$ から ∞ までの和を取ればよい.

第6章 調和振動子：WKB近似，場の量子化

「エルミト氏が，整数論の中に連続変数を導入することにより，おどろくべき効果をあげたことをここで改めて思いおこす必要もないであろう．」
(価値 p.161)

1. 調和振動子

複雑なポテンシャルエネルギーでも平衡点 $x=a$ の近傍でテイラー展開すると，$x-a$ が小さいとき，

$$V(x) = V(a+(x-a)) = V(a) + V'(a)\cdot(x-a) + \frac{1}{2}V''(a)\cdot(x-a)^2 + \cdots \quad (1)$$

と形式的に展開できる．$x=a$ で $V(x)$ は極小値をとるので $V'(a)=0$ および $V''(a)>0$ が成り立つ．$V(a)=0$ となるように原点をとれば，3次以上を無視すると式 (1) は $V(x) = \frac{1}{2}k\cdot x^2$ となる．$F=-\operatorname{grad} V=-kx$ となるので，これはバネ振動を表す．

場の量子化は，電磁場を調和振動子で表すことであるし，調和振動子のエネルギー準位は等間隔なので，1つ上の準位へ励起されることは粒子が1つ増加することと解釈しなおすことができる(光学遷移の選択則では隣り合う準位へは遷移できるが2つ以上はなれた準位への遷移は禁止されている)．

等間隔なエネルギー準位が縦に並んでいるとき，その1つに電子を入れると，その影響で間隔が変化する．1つの準位に2個電子を入れると，クーロン反発が生じてエネルギーは上昇する．原子でも，その原子が何価のイオンとして存在しているかによって内殻準位がケミカルシフトする．狭い場所に2個の電子が存在して避けあう電子相関効果や電子が抜けたことによって反発力がなくなる緩和効果を考慮する必要もある．本章ではそのような相関や緩和の効果は無視できる場合を扱う．

68 第6章 調和振動子：WKB近似，場の量子化

　ボーア-ゾンマーフェルトの量子化条件を用いて調和振動子のエネルギー準位を計算する方法を第1章で説明した．また生成・消滅演算子の交換関係を代数的に仮定すると調和振動子が得られることも説明した．

　光子の理想気体を一定の体積に閉じ込めたときのエネルギー分布が黒体スペクトルになること，これが調和振動子の集まりで表されることは「熱・物質移動の基礎」(丸善)の最終章で説明した．また結晶の格子振動すなわちフォノンを，光子と同じボーズ粒子の理想気体として扱えば，固体の比熱が説明できることも同書で説明した．自由電子の集団励起であるプラズモンもボーズ粒子と考えることができる．特にアルミニウム金属に1原子あたり3個存在する自由電子からなる

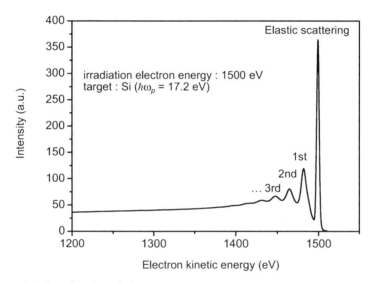

図1 代表的なプラズモン損失スペクトル（Surface Analysis Society of Japan, COMPRO, Absolute AES spectral database, http://www.sasj.gr.jp/COMPRO より）．1500 eVの電子ビームをシリコンに照射して反射電子のエネルギー分布を測定したもの．後藤敬典の測定による．[高山昭一，河合潤：プラズモンピークのイントリンシック・エクストリンシックの区別についての研究，X線分析の進歩，**39**, pp.161-178 (2008)から再録]．縦軸は電子の観測数，横軸は電子の運動エネルギーである．このプラズモンのスペクトルは古典的には，バネの減衰振動に対応する．バネの振動では，1st, 2nd, 3rdのピークが，1往復め，2往復め，3往復めに対応している．バネの振幅をどのように量子化したら図1になるだろうか？

電子の海で，内殻に空孔が生成したことに対する摂動（応答）によって波ができる．この波は完全な調和振動子として扱えるほど等間隔なピークからなっている．同じ現象はシリコンに1500 eVの電子ビームを照射して反射してきた電子のエネルギー損失を測定することによっても得られる（図1）.

アインシュタインの誘導放出を使って黒体放射スペクトルを説明できることは第5章で説明した．

調和振動子の古典的なハミルトニアンを作り量子化すると，シュレディンガー方程式が得られ，その解は後述するようにエルミート多項式によって表すことができる．このように調和振動子はさまざまな方法で扱うことができる．多くの物理現象は近似的に調和振動子として扱うと便利なことが多い．

2. 生成・消滅演算子による調和振動子の扱い

第1章で天下り式に扱った生成・消滅演算子による調和振動子の扱いは，$x^2 - y^2 = (x-y)(x+y)$ という公式に従ってシュレディンガー方程式を因数分解することによってよく理解できる．「+」が先になるように因数分解するか「−」が先になるようにするかによって，生成と消滅を表す．

第1章の調和振動子のシュレディンガー方程式

$$-\frac{\hbar^2}{2m}\frac{d^2\psi}{dx^2} + \frac{1}{2}m\omega^2 x^2 \psi = E\psi \tag{2}$$

を適当に変数変換すると，

$$\frac{d^2\psi}{dy^2} - y^2\psi = -\varepsilon\psi \tag{3}$$

となる．シュレディンガーは1941年にこの式を変形して，

$$\left(\frac{d}{dy} - y\right)\left(\frac{d}{dy} + y\right)\psi = -(\varepsilon - 1)\psi \tag{4}$$

とした．この式に左から $\left(\frac{d}{dy} + y\right)$ をかけると，

$$\left(\frac{d}{dy} + y\right)\left(\frac{d}{dy} - y\right)\left(\frac{d}{dy} + y\right)\psi = -(\varepsilon - 1)\left(\frac{d}{dy} + y\right)\psi \ . \tag{5}$$

左辺の最初の2つの括弧を先に計算すると,

$$\left(\frac{d^2}{dy^2} - y^2 - 1\right)\left(\frac{d}{dy} + y\right)\psi = -(\varepsilon - 1)\left(\frac{d}{dy} + y\right)\psi \tag{6}$$

両辺の右端の項 $\left(\frac{d}{dy} + y\right)\psi$ を新しく $= \varphi$ と置くと,

$$\left(\frac{d^2}{dy^2} - y^2 - 1\right)\varphi = -(\varepsilon - 1)\varphi . \tag{7}$$

したがって,

$$\left(\frac{d^2}{dy^2} - y^2\right)\varphi = -(\varepsilon - 2)\varphi \tag{8}$$

となる.

　式 (3) と (8) とを比較すると次のように意味づけることが可能となる：固有値 ε と固有関数 ψ の組が求まると，別の固有値が $\varepsilon - 2$ でその固有関数が φ であることを意味している．ここで，$\varphi = \left(\frac{d}{dy} + y\right)\psi$ だから簡単に新しい固有関数が求まる．順次繰り返せば，ε の最低値が正であるような範囲で，$\varepsilon - 2n$ もまた固有値となることがわかる.

【問1】 式 (4) を $\left(\frac{d}{dy} + y\right)\left(\frac{d}{dy} - y\right)\psi$ と因数分解して式 (8) に相当する式を求めよ.

【問2】 第1章で使った演算子, $a = \sqrt{\frac{m\omega}{2\hbar}}\left(x + \frac{ip}{m\omega}\right)$, $a^\dagger = \sqrt{\frac{m\omega}{2\hbar}}\left(x - \frac{ip}{m\omega}\right)$ と, $\left(\frac{d}{dy} + y\right)$, $\left(\frac{d}{dy} - y\right)$ との関係を調べよ.

【問3】 エルミート多項式は以下のような多項式である.

$H_0(x) = 1$

$H_1(x) = 2x$

$H_2(x) = 4x^2 - 2$

$H_3(x) = 8x^3 - 12x$

$$H_4(x) = 16x^4 - 48x^2 + 12$$

n番目のエネルギー準位の調和振動子の波動関数はこのエルミート多項式を使って, $H_n(x)\exp\left(-\dfrac{x^2}{2}\right)$ と表される. この調和振動子の波動関数, たとえば, $H_2(x)\exp\left(-\dfrac{x^2}{2}\right)$ に生成・消滅演算子を作用させてみよ.

3. 調和振動子のWKB近似による取り扱い

第2章で扱ったように, 電子がポテンシャル V_1 の領域から V_2 の領域へ入射する場合, ポテンシャルの変化が急激なら, 界面での反射が生じるが, ポテンシャル・エネルギーの変化が電子のド・ブロイ波長の長さの範囲内で一定とみなせるほどゆっくり変化する場合には, 反射は無視でき, V が一定の場合の波動関数

$$\psi = \exp\left(\frac{ixp}{\hbar}\right) \tag{9}$$

に似た関数になると仮定することができる. ここで $p = \sqrt{2m(E-V)}$. V がほとんど変化しないならば, 波動関数は, x の関数 $S(x)$ を用いて,

$$\psi = \exp\left(\frac{iS(x)}{\hbar}\right). \tag{10}$$

と表せるはずである. これをWKB近似という. ヴェンツェル−クラマース−ブリリュアン (Wentzel-Kramars-Brillouin) によって1926年に独立に提案された近似法である. V が一定なら, $S = x\sqrt{2m(E-V)}$ である.

放物線のポテンシャルの中で質点が運動する古典的な運動を考える. 運動エネルギーがゼロの位置で質点は折り返して戻るので (図2), 全エネルギー E の質点はその折り返し点の外側で, $V > E$, 内側で $V < E$ となる. $V = E$ の近傍では, $p = \sqrt{2m(E-V)}$ のルートの中の正負が逆転するが, 波動関数の連続の条件を使うと量子化を行なうことができる. 調和振動子では $V = \dfrac{1}{2}kx^2$ である.

ポテンシャルがほぼ一定とみなせる区間の幅として dx をとり, 区間 x と $x+dx$

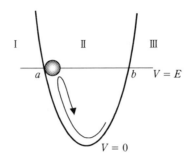

図2

の間で式 (10) の指数関数の引数は, $\dfrac{iS(x)}{\hbar} = \dfrac{ipdx}{\hbar} = -\dfrac{\sqrt{2m\left(\dfrac{1}{2}kx^2 - E\right)}}{\hbar}dx$. したがって図2の領域IおよびIIIでは, $\sqrt{\ }$の中の$\dfrac{1}{2}kx^2 - E > 0$ となるので,

$$\psi_\mathrm{I}(x) = \dfrac{A_\mathrm{I}}{\sqrt{p_\mathrm{I}}}\exp\left(-\dfrac{1}{\hbar}\int_x^a p_\mathrm{I}\,dx\right) \text{および} \psi_\mathrm{III}(x) = \dfrac{A_\mathrm{III}}{\sqrt{p_\mathrm{III}}}\exp\left(-\dfrac{1}{\hbar}\int_b^x p_\mathrm{III}\,dx\right).$$

ただし, $p_\mathrm{I} = p_\mathrm{III} = \sqrt{2m(V-E)}$. $\psi_\mathrm{I}(x)$と$\psi_\mathrm{III}(x)$は$x \to \pm\infty$で指数関数的に減少する関数である. 反射する壁の中へ波動関数はexpに浸み込むことを意味している. 領域IとIIIのどちらでも$\psi > 0$なら領域IIのψは偶関数になる. 領域IとIIIでψの符号が逆の場合には, 領域IIのψは奇関数になる. 領域IIでは奇関数か偶関数かでsinかcosになるが, 位相をδとして一般的に, $\psi_\mathrm{II}(x) = \dfrac{A_\mathrm{II}}{\sqrt{p_\mathrm{II}}}\sin\left(\dfrac{1}{\hbar}\int_x^b p_\mathrm{II}\,dx + \delta(x)\right)$, ただし, $p_\mathrm{II} = \sqrt{2m(E-V)}$. sinの引数 $\dfrac{1}{\hbar}\int_x^b p_\mathrm{II}\,dx + \delta(x)$は, 距離$dx$進むと, $\dfrac{p}{\hbar}dx = \dfrac{2\pi}{\lambda}dx$ だけ増加する. これは波動関数 ψ_II が波長λの三角関数であることを意味している. 規格化定数に$\dfrac{1}{\sqrt{p}}$があるのは, 量子を発見する確率$|\psi|^2$が速度に反比例することを意味しており, 古典粒子の発見確率が速度の逆数に比例することによく対応している.

$x = b$においてsinで振動する関数とexpで減衰する関数を接続しようとすれば, 分母の$E-V$または$V-E$がゼロに近づき, ψは発散する. しかし, シュレ

ディンガー方程式で $V=E$ とすれば，$d^2\psi/dx^2 = 0$ となって，領域の接続点で波動関数が直線かまたは変曲点になると考えればよい．実際にこの接続条件を数学的に計算するためには，ベッセル関数などの数学的道具を使う必要があるので，それによって得られる結果からわかることを大雑把に捉えると，次のようになる．

領域Ⅰで $x \to -\infty$ になるにつれて減衰する指数関数は，ちょうど領域Ⅱの三角関数的な振動が $\lambda/8$ だけ領域Ⅰへはみ出したものとみなすことができる．領域Ⅱの中の波数は，$\int_a^b \frac{p}{h}dx$ と表される．区間 $[a,b]$ には半波長の整数倍（すなわち波数の $2n$ 倍）の波の存在が許されるので，

$$2\left(\int_a^b \frac{p}{h}dx + \frac{1}{8}\times 2\right) = 整数$$

とならなければならない．これは，

$$2\int_a^b p\,dx = \left(n+\frac{1}{2}\right)h, \quad n = 0, 1, 2, \cdots$$

という意味になり，半古典的な WKB 近似で得た結果が，1次元調和振動子の場合には，量子力学的に得られた結果 $E = \left(n+\frac{1}{2}\right)h\nu$ と厳密に一致することを示している．またゼロ点エネルギーの $1/2$ は古典的な解釈では，古典的な折り返し点を通り過ぎて存在できない外側の領域にもそれぞれ $\lambda/8$ だけ左右の外側にしみ出る効果であると解釈することができる．

WKB 近似で使った $\exp\left(\dfrac{iS(x)}{\hbar}\right)$ を，すべての経路に沿って加え合わせたものがファインマン（R. P. Feynman）の経路積分法である[16]．$G = \exp\left(\dfrac{iS(x)}{\hbar}\right)$ はグリーン関数である．

4. 電磁場の量子化

電荷のない真空が電磁場で満たされているとき，電場を $\boldsymbol{\varepsilon}$，磁場を $\boldsymbol{B}$ とすると，単位体積あたりのエネルギー密度は，$\dfrac{1}{8\pi}(\boldsymbol{\varepsilon}^2 + \boldsymbol{B}^2)$ で表されるので（適当な

単位系を用いることにする), 体積Vのエネルギーは,

$$H = \frac{1}{8\pi}\int_V \left(\varepsilon^2 + B^2\right)d\tau \tag{11}$$

である. ε と B はどちらもベクトルポテンシャル A を用いて,

$$\varepsilon = -\frac{1}{c}\frac{\partial A}{\partial t}, \quad B = \text{rot}A \tag{12}$$

と表すことができる. ベクトルポテンシャルAを3次元フーリエ級数展開すると,

$$A(r,t) = \sum_{k\lambda}\left[q_{k\lambda}(t)\exp(ik\cdot r) + q_{k\lambda}^{\dagger}(t)\exp(-ik\cdot r)\right]. \tag{13}$$

z方向へ進行する光には, x軸方向の電場の振動とy軸方向の電場振動があるため, それぞれに対して$\lambda = 1, 2$とおく. 波数kに関する和は$-k$側ではとらない (kの半分の和).

式 (13) を (12) 第1式に代入すれば, $\varepsilon = -\frac{1}{c}\sum_n \frac{\partial q(n)}{\partial t}\exp(in\cdot x)$ だから,

$$\begin{aligned}\int_V \varepsilon^2 d\tau &= \frac{1}{c^2}\sum_{n,m}\frac{\partial q(n)}{\partial t}\frac{\partial q(m)}{\partial t}\int_V \exp[i(n+m)\cdot x]d\tau \\ &= \frac{V}{c^2}\sum_n \dot{q}(n)\dot{q}(-n).\end{aligned} \tag{14}$$

同様に, 式(13)を(12)第2式に代入すると, $B = \text{rot}A = \sum_n i[n\times q(n)]\exp(in\cdot x)$ だから,

$$\int_V B^2 d\tau = V\sum_n \left\{(n\times q(n))\cdot(n\times q^*(n))\right\} \tag{15}$$

ただし, $q(-n) = q^*(n)$. これより, 式 (11) は,

$$H = \frac{1}{8\pi}\frac{V}{c^2}\sum_n \dot{q}(n)\dot{q}^*(n) + \frac{V}{8\pi}\sum_n \left\{(n\times q(n))\cdot(n\times q^*(n))\right\} \tag{16}$$

この第1項はp^2, 第2項はq^2なので, H/Vは単振動の単位体積あたりのエネルギーを表すことがわかる. この式は, 波数kと$-k$という1組の調和振動子が単色の輻射場に対応することを意味している.

第6章 調和振動子：WKB近似，場の量子化　　75

参考書・参考文献

シュレディンガーによる因数分解の方法は，
[1]　ボーム 著，高林武彦 他訳：「量子論」，みすず書房 (1964) pp.345-348.
[2]　E. Schrödinger: *Proc. Roy. Irish Acad.*, **A46**, 9, 183 (1940); **A47**, 53 (1941).
[3]　H. S. グリーン 著，中川昌美 訳：「ハイゼンベルク形式による量子力学」，講談社 (1980).

などに詳しい．電磁場の量子化の説明は[3]に従った．[1]はむしろ次のDoverの本のほうが入手しやすいし読みやすいかもしれない．

[4]　D. Bohm: Quantum Theory, Dover (1951, 1979, 1989) Chap.13.

調和振動子に関しては，

[5]　ディラック 著，朝永振一郎，玉木英彦 他訳：「量子力学」，原書第4版，岩波書店 (1968) 第6章 ; P. A. M. Dirac: The Principles of Quantum Mechanics, 4th ed. Oxford Univ. Press (1958) [リプリント版，みすず書房 (1963)]．
[6]　W. Greiner: Quantum Mechanics, An Introduction, 3rd Ed. Springer-Verlag, New York, Berlin, Heidelberg (1989, 1993, 1994) pp.145.
[7]　4章の[1]原島 第4章．
[8]　ランダウ，リフシッツ 著，佐々木健，好村滋洋 訳：「量子力学1」，東京図書 (1967);「ランダウ−リフシッツ物理学小教程 量子力学」，好村滋洋，井上健男 訳，ちくま学芸文庫 (2008).
[9]　A. Messiah: Quantum Mechanics, Dover (1962).
[10]　E. Merzbacher: Quantum Mechanics, 3rd ed., Wiley (1961, 1970).
[11]　L. I. Schiff: Quantum Mechanics, 3rd ed. McGraw-Hill (1968).

などで取り扱い方を比較してみるのも面白い．特にWKB法で調和振動子を扱う場合の取り扱いは，教科書によってかなり違う．WKB法による調和振動子の扱いはたとえば次のような演習書に詳しく出ている．

[12]　伏見康治，内山龍雄：「量子力学演習」，共立全書 (1955).

この本は[11]の章末問題の模範解答例を収録したもの．

[13]　小谷正雄，梅沢博臣 編：「大学演習量子力学」，裳華房 (1959).

本章の調和振動子のWKB法による扱いは，

[14]　J. C. Slater: Quantum Theory of Atomic Structure, Vol.1, McGraw-Hill, NY (1960),

pp.74-79. によった．この本は決して「原子物理」の本ではなく，量子力学の非常によい入門書である．

[15] 3章の[7]に収録されている論文 C が Kramars による WKB 論文のオリジナルである．WKB とファインマン経路積分に関しては，

[16] L. S. Schulman: Techniques and Applications of Path Integration, Dover (1981, 2005); L. S. シュルマン 著，髙塚和夫 訳：「ファインマン経路積分」，講談社 (1995).

[17] 朝永振一郎：「スピンはめぐる」，中央公論社 (1974) 第6話：「『第二量子化』と呼ばれる考えから『物質波』が三次元空間の中に迎え入れられることになった」，「個数 N_n といっても，それ自身何かのオブザーバブルを測定して直ちに得られる量ではなくて，何回か繰り返したオブザーバブル測定で得られるデータの集積にかかわる数値」なので「第二量子化をすらすらと受け入れられる人もいるかもしれない．もしそういう人がいるなら，その人はディラックと同じくらいえらい人か，あるいはまた，つきつめて物事を考えないで，あやふやのままで何でもわかったような気になってしまう，ノンキ坊主かのどちらかでしょう．」［「新版 スピンはめぐる，成熟期の量子力学」，みすず書房 (2008).］

第7章　遷移金属化合物の電子分光

「すべての法則は実験からひきだされる.」（価値 p.151）
「実験はいつになってもこみいっている条件の下で行なわれるが, 法則の記述ではそうしたこみいったことを消し去ってしまう. これが『系統的誤差を修正する』と呼ばれるものである. ひとことで言えば, 実験から法則をひき出すためには普遍化しなければならない.」（価値 p.512）
「ことばを変えるだけで, 初めは思いもかけなかったような普遍化にきがつく」（価値 p.154）

　本章では価電子にスピンを持つ遷移金属のような化合物の内殻に空孔が生じた場合の, 価電子帯の電子の応答について, 配置間相互作用の考え方で説明する. 光電子分光実験やX線吸収分光実験では, 本章で述べるような効果が大きいが, 通常は無視されているため, スペクトルの解釈が陳腐なものになる.
　分子軌道を図1のように Φ_0, Φ_1, Φ_2, Φ_m, Φ_s と定義する. 反結合性軌道を a （anti-bonding）, 結合性軌道を b （bonding）, 内殻軌道を c （core）とする. 基底状態の全波動関数を Φ_0, 内殻に空孔ができたとき全軌道が凍結して緩和していな

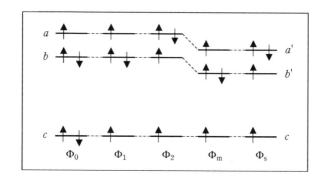

図1

い軌道をΦ_1とΦ_2とする.ただしΦ_1とΦ_2では反結合性軌道と結合性軌道の電子配置が異なる.Φ_mとΦ_sは反結合性軌道と結合性軌道が内殻空孔によって原子核の正電荷の遮蔽がなくなり,深い結合エネルギーへ移動(緩和)したものとする.内殻の緩和は小さいので,cの結合エネルギーは電子-電子クーロン反発エネルギーの分だけ約15 eV深くなるが,軌道関数そのものは大して変化しない.電子がa'にあるかb'にあるかで,他方の電子配置のb'もa'も多少は緩和の程度が違う.したがって,Φ_mのa'とΦ_sのa'は違うはずであるが,近似的に同じと考える.具体的には遷移金属酸化物CuOを考えるとわかりやすい.CuOは$3d^9$電子配置で,X線光電子スペクトルを測定すると,2p電子が電離し,2p内殻空孔が生成する.

分子軌道bとaを原子軌道の線形結合で表す.

$$a = \frac{1}{\cos\sigma}\{-\chi_L \sin(\theta+\sigma) + \varphi_d \cos\theta\}, \tag{1a}$$

$$b = \frac{1}{\cos\sigma}\{\chi_L \cos(\theta+\sigma) + \varphi_d \sin\theta\}. \tag{1b}$$

χ_Lは配位子の軌道(酸素2p軌道)であるが,実際に計算する場合には金属元素の周りの6個の原子の軌道の線形結合を規格化したものを使う.φ_dは中心金属の3d軌道を表す.このとき

$$\sin\sigma = \langle\varphi_d|L\rangle \equiv S \tag{2}$$

である.

【問1】 $\sin\sigma = \langle\varphi_d|L\rangle$ を証明せよ.

【答1】 式 (1) は $\begin{pmatrix} a \\ b \end{pmatrix} = \frac{1}{\cos\sigma}\begin{pmatrix} \cos\theta & -\sin(\theta+\sigma) \\ \sin\theta & \cos(\theta+\sigma) \end{pmatrix}\begin{pmatrix} \varphi \\ \chi \end{pmatrix}$

逆行列を求めると,

$$\left[\frac{1}{\cos\sigma}\begin{pmatrix}\cos\theta & -\sin(\theta+\sigma)\\ \sin\theta & \cos(\theta+\sigma)\end{pmatrix}\right]^{-1}$$

$$=\frac{\cos\sigma}{\cos(\theta+\sigma)\cos\theta-\sin(\theta+\sigma)\sin\theta}\begin{pmatrix}\cos(\theta+\sigma) & \sin(\theta+\sigma)\\ -\sin\theta & \cos\theta\end{pmatrix}$$

$$=\begin{pmatrix}\cos(\theta+\sigma) & \sin(\theta+\sigma)\\ -\sin\theta & \cos\theta\end{pmatrix}.$$

したがって,

$$\begin{pmatrix}\varphi\\ \chi\end{pmatrix}=\begin{pmatrix}\cos(\theta+\sigma) & \sin(\theta+\sigma)\\ -\sin\theta & \cos\theta\end{pmatrix}\begin{pmatrix}a\\ b\end{pmatrix}. \tag{3}$$

$$\langle\varphi|\chi\rangle=\langle a\cos(\theta+\sigma)+b\sin(\theta+\sigma)|-a\sin\theta+b\cos\theta\rangle.$$

分子軌道は規格直交化されているので $\langle a|b\rangle=0$, $\langle a|a\rangle=\langle b|b\rangle=1$ を使うと, $\langle\varphi|\chi\rangle=\sin\sigma$ が証明できる.

今度は内殻空孔状態について考える.

$$a'=\frac{1}{\cos\sigma}\{-\chi_L\sin(\tilde{\theta}+\sigma)+\varphi_d\cos\tilde{\theta}\}, \tag{4a}$$

$$b'=\frac{1}{\cos\sigma}\{\chi_L\cos(\tilde{\theta}+\sigma)+\varphi_d\sin\tilde{\theta}\}. \tag{4b}$$

重なり積分 S は大きく変化しないので σ は一定と仮定することができる. 内殻空孔ができたことにより

$$\theta\to\theta+\theta'=\tilde{\theta} \tag{5}$$

へと緩和したと考える. 式 (1) と (4), (5) から

$$a'=-b\sin\theta'+a\cos\theta' \tag{6a}$$

$$b'=b\cos\theta'+a\sin\theta' \tag{6b}$$

が得られる.

【問2】 式 (6) を証明せよ．

【答2】 式 (4) を行列で表すと，$\begin{pmatrix} a' \\ b' \end{pmatrix} = \dfrac{1}{\cos\sigma}\begin{pmatrix} \cos\tilde{\theta} & -\sin(\tilde{\theta}+\sigma) \\ \sin\tilde{\theta} & \cos(\tilde{\theta}+\sigma) \end{pmatrix}\begin{pmatrix} \varphi \\ \chi \end{pmatrix}.$

式 (5) を代入すると，$\begin{pmatrix} a' \\ b' \end{pmatrix} = \dfrac{1}{\cos\sigma}\begin{pmatrix} \cos(\theta+\theta') & -\sin[(\theta+\sigma)+\theta'] \\ \sin(\theta+\theta') & \cos[(\theta+\sigma)+\theta'] \end{pmatrix}\begin{pmatrix} \varphi \\ \chi \end{pmatrix}$

$$= \dfrac{1}{\cos\sigma}\begin{pmatrix} \cos\theta\cos\theta' - \sin\theta\sin\theta' & -\sin(\theta+\sigma)\cos\theta' - \cos(\theta+\sigma)\sin\theta' \\ \sin\theta\cos\theta' + \cos\theta\sin\theta' & \cos(\theta+\sigma)\cos\theta' - \sin(\theta+\sigma)\sin\theta' \end{pmatrix}\begin{pmatrix} \varphi \\ \chi \end{pmatrix}$$

$$= \dfrac{1}{\cos\sigma}\left\{\begin{pmatrix} \cos\theta & -\sin(\theta+\sigma) \\ \sin\theta & \cos(\theta+\sigma) \end{pmatrix}\cos\theta' + \begin{pmatrix} -\sin\theta & -\cos(\theta+\sigma) \\ \cos\theta & -\sin(\theta+\sigma) \end{pmatrix}\sin\theta'\right\}\begin{pmatrix} \varphi \\ \chi \end{pmatrix}$$

$$= \dfrac{\cos\theta'}{\cos\sigma}\begin{pmatrix} \cos\theta & -\sin(\theta+\sigma) \\ \sin\theta & \cos(\theta+\sigma) \end{pmatrix}\begin{pmatrix} \varphi \\ \chi \end{pmatrix} + \dfrac{\sin\theta'}{\cos\sigma}\begin{pmatrix} -\sin\theta & -\cos(\theta+\sigma) \\ \cos\theta & -\sin(\theta+\sigma) \end{pmatrix}\begin{pmatrix} \varphi \\ \chi \end{pmatrix}$$

式 (1) の $\begin{pmatrix} a \\ b \end{pmatrix} = \dfrac{1}{\cos\sigma}\begin{pmatrix} \cos\theta & -\sin(\theta+\sigma) \\ \sin\theta & \cos(\theta+\sigma) \end{pmatrix}\begin{pmatrix} \varphi \\ \chi \end{pmatrix}$ を右辺第1項へ，

$\begin{pmatrix} -b \\ a \end{pmatrix} = \dfrac{1}{\cos\sigma}\begin{pmatrix} -\sin\theta & -\cos(\theta+\sigma) \\ \cos\theta & -\sin(\theta+\sigma) \end{pmatrix}\begin{pmatrix} \varphi \\ \chi \end{pmatrix}$ を右辺第2項へ代入すると，

$$\begin{pmatrix} a' \\ b' \end{pmatrix} = \cos\theta'\begin{pmatrix} a \\ b \end{pmatrix} + \sin\theta'\begin{pmatrix} -b \\ a \end{pmatrix} = \begin{pmatrix} \cos\theta' & -\sin\theta' \\ \sin\theta' & \cos\theta' \end{pmatrix}\begin{pmatrix} a \\ b \end{pmatrix}.$$

したがって式 (6) が証明できた．

緩和した内殻空孔状態の全電子ハミルトニアンの固有関数

$$\Phi_\mathrm{m} = \begin{vmatrix} a' & b' & \overline{b}' & c \end{vmatrix} \tag{7a}$$

$$\Phi_\mathrm{s} = \begin{vmatrix} a' & b' & \overline{a}' & c \end{vmatrix} \tag{7b}$$

を，基底状態の固有関数で次のように展開する．

第7章 遷移金属化合物の電子分光

$$\Phi_m = \Phi_1 \cos\theta' + \Phi_2 \sin\theta' \tag{8a}$$

$$\Phi_s = -\Phi_1 \sin\theta' + \Phi_2 \cos\theta' \tag{8b}$$

$$(-\pi/4 \le \theta' \le \pi/4)$$

ここで

$$\Phi_1 = \begin{vmatrix} a & b & \bar{b} & c \end{vmatrix} \tag{9a}$$

$$\Phi_2 = \begin{vmatrix} a & b & \bar{a} & c \end{vmatrix} \tag{9b}$$

である.

【問3】 式(6)を式(7)に代入し式(8)を求めよ.

【答3】 省略.

$$I_m = \left|\langle \Phi_m | \Phi_1 \rangle\right|^2 = \cos^2\theta' \tag{10a}$$

$$I_s = \left|\langle \Phi_s | \Phi_1 \rangle\right|^2 = \sin^2\theta' \tag{10b}$$

サム・ルール $\cos^2\theta' + \sin^2\theta' = 1$ が成立する. I_m と I_s の比は,

$$I_{\mathrm{rel}} = \frac{I_s}{I_m} = \gamma'^2. \tag{11}$$

ここで

$$\tan\theta' \equiv \gamma' \tag{12}$$

と置く. 基底状態の分子軌道は,

$$a = \frac{1}{\sqrt{N_a}}(\varphi_d - \lambda\chi_L) \tag{13a}$$

$$b = \frac{1}{\sqrt{N_b}}(\chi_L + \gamma\varphi_d) \tag{13b}$$

なので $1s^{-1}$ 空孔に対しても,

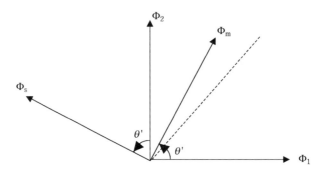

図2 θ' が 45° より大きいとき，準位の逆転が生じる．

$$\tilde{a} = \frac{1}{\sqrt{\tilde{N}_a}} \left(\varphi_d - \tilde{\lambda} \chi_L \right) \tag{14a}$$

$$\tilde{b} = \frac{1}{\sqrt{\tilde{N}_b}} \left(\chi_L + \tilde{\gamma} \varphi_d \right) \tag{14b}$$

$$\gamma = \frac{\sin\theta}{\cos(\theta+\sigma)}, \quad \tilde{\gamma} = \frac{\sin\tilde{\theta}}{\cos(\tilde{\theta}+\sigma)} \tag{15}$$

と表すことができる．後で示すように，

$$\tilde{\gamma} = \gamma + \gamma' \tag{16}$$

が近似的に成立している．

遷移金属では $\gamma \sim 0.01$，および $\sin\sigma \equiv S \sim 0.1$，また例えば後期遷移金属 (Fe, Co, Ni, Cu) の場合には，$\tilde{\gamma} \sim 0.5$ となり，内殻空孔状態で共有結合性が増大する．

$$\tan\theta = \frac{\gamma\cos\sigma}{1+\gamma\sin\sigma},$$

$$\tan\tilde{\theta} = \frac{\tilde{\gamma}\cos\sigma}{1+\tilde{\gamma}\sin\sigma},$$

$$\tan(\theta+\tilde{\theta}) = \frac{\tan\theta + \tan\theta'}{1 - \tan\theta\tan\theta'} = \frac{\gamma+\gamma'}{1-\gamma\gamma'} \approx \tilde{\gamma}.$$

第7章 遷移金属化合物の電子分光

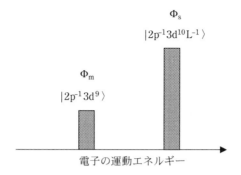

図3 CuO（基底状態のCuの電子配置は $|3d^9\rangle$）の光電子スペクトル．単色X線を照射し，電離された電子の運動エネルギーを測定する．Lは配位子（ligand）の2p軌道を表す．

$\gamma\gamma' \ll 1$ なので $\gamma + \gamma' = \tilde{\gamma}$ が得られる．

銅酸化物超伝導体の光電子分光では，基底状態は $\Phi_0 = |3d^9\rangle$，内殻空孔状態として $\Phi_1 = |2p^{-1}3d^9\rangle$ と $\Phi_2 = |2p^{-1}3d^{10}L^{-1}\rangle$ を仮定し，内殻空孔によって緩和した Φ_m と Φ_s との重なり積分を考える．内殻に空孔ができたことによって，基底ベクトル $\Phi_0 = \Phi_1$ および Φ_2 が θ' だけ回転する．

【問4】

$$\left\langle \frac{1}{\sqrt{2!}} \begin{vmatrix} a(1) & b(1) \\ a(2) & b(2) \end{vmatrix} \middle| \frac{1}{\sqrt{2!}} \begin{vmatrix} c(1) & d(1) \\ c(2) & d(2) \end{vmatrix} \right\rangle = \begin{vmatrix} \langle a|c\rangle & \langle a|d\rangle \\ \langle b|c\rangle & \langle b|d\rangle \end{vmatrix}$$

を証明せよ．

参考書・参考文献

[1] R. Manne, T. Åberg: Koopmans' theorem for inner-shell ionization, *Chem. Phys. Lett.*, **7**, 282-284 (1970). は有名なサム・ルールで，多電子励起X線光電子スペクトルの重心が，クープマンスの定理のエネルギーに等しくなると言うもの．

[2] 本章は，4章の[2], [3], [5]を中心にまとめた．

電荷移動の応用例は,

[3]　J. Kawai, K. Maeda, K. Nakajima, and Y. Gohshi: Relation between copper L X-ray fluorescence and 2p photoelectron spectroscopies, *Phys. Rev.*, **B48**, 8560-8566 (1993); J. Kawai, K. Maeda, K. Nakajima, and Y. Gohshi: Reply to "Comment on 'Relation between copper L X-ray fluorescence and 2p X-ray photoelectron spectroscopies'", *Phys. Rev.*, **B52**, 6129-6131 (1995). など.

1993年に固体のX線発光スペクトルの形状を電荷移動で説明したときには,原子物理の分野から大きな反発を受けたが,2008年のX線物理の国際会議（International Conference on X-Ray and Inner-Shell Processes）では,X線発光スペクトル形状の解釈がすべて電荷移動で説明されていた.

内殻空孔の生成による状態ベクトルの回転は,

[4]　S. Larsson: Theory of satellite excitations in inner shell X-ray photoelectron spectra of nickel and copper compounds, *Chem. Phys. Lett.*, **32**, 401-406 (1975). による.

第8章 対称性：分子の対称性と有限群

「直線は定義し得るであろうか．二点を結ぶ最短の道であるというよく知られた定義はほとんどわたくしには満足を与えない．わたくしは単に定規からはじめて，まず裏返しによって定規の良否を検することを生徒に教えよう．この験証こそは直線の真の定義である．すなわち直線とは回転軸のことである．… それは一つの群の研究である．」（方法 pp.143-145）

等核2原子分子を考える（図1）．2つの原子が無限に遠く離れているときには，6つのp軌道はすべて同じエネルギーを持っている．しかし2つの原子が近づくにつれて，p_x, p_y軌道のエネルギーとp_z軌道のエネルギーに差が生じる．原子1と原子2の2つのp_z軌道の重なり積分は大きい．すなわち共鳴積分βも大きくなり，分裂2βが大きくなる（図2）．結合性軌道のエネルギーは低くなり，反結合性軌道のエネルギーは高くなる．このようなエネルギーの分裂はシュレディンガー方程式のポテンシャル項の空間対称性に依存している．化学結合の方向を向いた分子軌道をσ軌道と呼ぶ．一方，p_xとp_y軌道は，化学結合と直角方向を向いているので，相互作用はp_σ軌道ほど強くないので2βも小さい．これをπ軌道（p_π軌道）と呼ぶ．

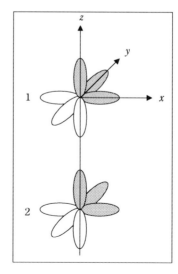

図1

以下では2つのs軌道だけを考える．これをχ_1とχ_2とする．分子軌道$\psi = C_1\chi_1 + C_2\chi_2$がシュレディンガー方程式 $H|\psi\rangle = E|\psi\rangle$を満たすので，左から$\langle\psi|$をかけて内

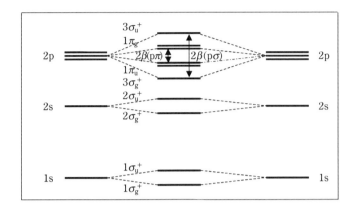

図2

積をとると，$\langle \psi | H | \psi \rangle = E \langle \psi | \psi \rangle$ となる．したがってエネルギーは，

$$E = \frac{\langle \psi | H | \psi \rangle}{\langle \psi | \psi \rangle}$$

$$= \frac{\langle C_1 \chi_1 + C_2 \chi_2 | H | C_1 \chi_1 + C_2 \chi_2 \rangle}{\langle C_1 \chi_1 + C_2 \chi_2 | C_1 \chi_1 + C_2 \chi_2 \rangle} \quad (1)$$

$$= \frac{C_1^2 \alpha + C_2^2 \alpha + 2 C_1 C_2 \beta}{C_1^2 + C_2^2 + 2 C_1 C_2 S} .$$

ただしここで，

$$\langle \chi_1 | H | \chi_1 \rangle = \langle \chi_2 | H | \chi_2 \rangle = \alpha, \ \langle \chi_1 | H | \chi_2 \rangle = \beta, \ \langle \chi_1 | \chi_2 \rangle = S \quad (2)$$

とした．4章2節で $\alpha_A = \alpha_B$ とした場合に相当する．E の値を最小にする C_1, C_2 を見つければよいので，

$$E(C_1^2 + C_2^2 + 2 C_1 C_2 S) = C_1^2 \alpha + C_2^2 \alpha + 2 C_1 C_2 \beta \quad (3)$$

と変形して，両辺を C_1 で偏微分して $\frac{\partial E}{\partial C_1} = 0$ とする．

$$\frac{\partial E}{\partial C_1}\left(C_1^2 + C_2^2 + 2 C_1 C_2 S\right) + E\left(2 C_1 + 2 C_2 S\right) = 2 C_1 \alpha + 2 C_2 \beta . \quad (4)$$

$$(E - \alpha) C_1 + (E S - \beta) C_2 = 0 . \quad (5a)$$

第8章 対称性：分子の対称性と有限群

両辺を C_2 で偏微分した場合も同様に，

$$(ES-\beta)C_1 + (E-\alpha)C_2 = 0. \tag{5b}$$

この係数行列式 $=0$ と置いて，$\begin{vmatrix} E-\alpha & ES-\beta \\ ES-\beta & E-\alpha \end{vmatrix} = 0$．すなわち，

$(E-\alpha)^2 - (ES-\beta)^2 = 0$ を解けば，固有値として，$E = \dfrac{\alpha+\beta}{1+S}, \dfrac{\alpha-\beta}{1-S}$ を得る．$\alpha_A = \alpha_B = \alpha$ としただけで第4章と比較してずいぶん簡単になるのがわかる．$\alpha < 0$ で，$S > 0$ なら β も負である．以上は，$\begin{pmatrix} \alpha & \beta-ES \\ \beta-ES & \alpha \end{pmatrix}\begin{pmatrix} C_1 \\ C_2 \end{pmatrix} = E\begin{pmatrix} C_1 \\ C_2 \end{pmatrix}$ の固有値と固有関数を求めることに相当し，行列

$$\begin{array}{c c} & \begin{array}{cc} \chi_1 & \chi_2 \end{array} \\ \begin{array}{c} \chi_1) \\ \chi_2) \end{array} & \begin{pmatrix} \alpha & \beta-ES \\ \beta-ES & \alpha \end{pmatrix} \end{array}$$

の対角化を行なうことと同等である．結合性軌道と反結合性分子軌道のエネルギーは S を無視すれば，$\alpha \pm \beta$ なので，本章の初めに述べた通り分裂は 2β となる．S を無視した場合には分子軌道形成前後で重心が保存する．S が無視できないときには分母の $1-S$ の分だけ分裂が大きくなって重心は一致しない．反結合性軌道では分母が小さくなりその分だけ分子軌道の振幅が大きくなり，電子は強く局在する．結合軌道はそれに比べて広がって電子は非局在化している．

【問1】 行列 $\begin{pmatrix} \alpha & \beta-ES \\ \beta-ES & \alpha \end{pmatrix}$ を対角化せよ．

今度は，同じ問題を，

$$\phi_1 = \frac{1}{\sqrt{2(1+S)}}(\chi_1 + \chi_2) \quad \text{と} \quad \phi_2 = \frac{1}{\sqrt{2(1-S)}}(\chi_1 - \chi_2) \tag{6}$$

とを新しい基底にして解いてみる．ただしここで，$\langle \phi_1 | \phi_2 \rangle = 0$, $\langle \phi_1 | \phi_1 \rangle = \langle \phi_2 | \phi_2 \rangle = 1$ と規格直交化されている点，および，$\langle \phi_1 | H | \phi_2 \rangle = 0$, $\langle \phi_1 | H | \phi_1 \rangle = \dfrac{\alpha+\beta}{1+S}$,

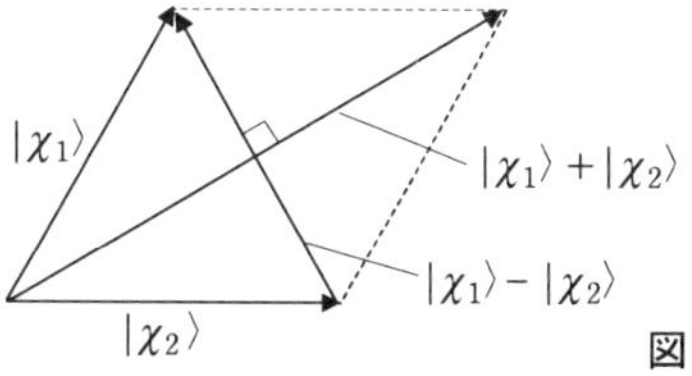

図3

$\langle \phi_2 | H | \phi_2 \rangle = \dfrac{\alpha - \beta}{1 - S}$ となる点に注意する．これらの内積は，実際に代入して計算してみれば自分で簡単に確認することができる．以上からハミルトニアンは，基底関数として ϕ_1, ϕ_2 を使った段階で対角化されていて，$H = \begin{pmatrix} \dfrac{\alpha+\beta}{1+S} & 0 \\ 0 & \dfrac{\alpha-\beta}{1-S} \end{pmatrix}$

となっている．問題は，一般の分子の場合に，$\phi_1 = \dfrac{1}{\sqrt{2(1+S)}}(\chi_1 + \chi_2)$ と $\phi_2 = \dfrac{1}{\sqrt{2(1-S)}}(\chi_1 - \chi_2)$ に相当するような対称性をもった分子軌道を原子軌道の線形結合によってどのようにつくるかである．

O_2 分子の対称性は基底状態のとき $D_{\infty h}$，例えば 1s 内殻軌道に空孔ができたときには，右側の O と左側の O とが区別できるようになって，対称性は $C_{\infty v}$ に低下する．1s 空孔ができると言うことは，価電子から見ると原子番号が 1 つ増大したもののように見えるので，内殻空孔状態は N-O 分子の電子状態に近いと考えた方がよい．2s 軌道に空孔ができたときにもやはり対称性は低下すると考えることが

表1　$D_{\infty h}$ の指標の表

	E	$2C_\varphi$	$\infty \sigma_v$	i	$2iC_\varphi(=S_\varphi)$	$\infty C_2(=i\sigma_v)$		
$A_{1g}\ \Sigma_g^+$	1	1	1	1	1	1		$x^2+y^2,\ z^2$
$A_{1u}\ \Sigma_u^-$	1	1	-1	-1	-1	1		
$A_{2g}\ \Sigma_g^-$	1	1	-1	1	1	-1		
$A_{2u}\ \Sigma_u^+$	1	1	1	-1	-1	-1	z	
$E_{1g}\ \Pi_g$	2	$2\cos\varphi$	0	2	$2\cos\varphi$	0		zx, yz
$E_{1u}\ \Pi_u$	2	$2\cos\varphi$	0	-2	$-2\cos\varphi$	0	x, y	
$\cdots$	$\cdot$	$\cdot$	$\cdot$	$\cdot$	$\cdot$	$\cdot$		

Σ：z 軸方向の角運動量の大きさ $|l| = 0$，Π は 1，Δ は 2，Φ は 3（s, p, d, f に対応する）．
$+$：分子軸を含む鏡映面 σ_v で符号を変えない，$-$ は符号を変える．
g：反転 i に対して符号を変えない，u は符号を変える．
大文字を用いるのは分子の全電子状態を表す場合，小文字は 1 電子軌道を表している．

第 8 章　対称性：分子の対称性と有限群

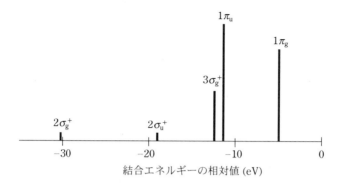

図4　O_2 の 2p → 1s スペクトル [J. Kawai, K. Maeda, I. Higashi, M. Takami, Y. Hayasi, and M. Uda: Site determination of oxygen in B_6O by O Kα X-ray emission spectroscopy, *Phys. Rev.*, **B42**, 5693-5701 (1990)].

できる．それなら 2p 軌道に空孔ができたときはどうか？ S の大きさがその判断の根拠として目安になる．

　$2\sigma_g^+$, $2\sigma_u^+$, $3\sigma_g^+$, $1\pi_u$, $1\pi_g$ が 2p 軌道を含むので，酸素 2p → 1s 遷移によって発生する X 線スペクトルは図 4 のようになる．指標の表の p 軌道の成分との食い違いは，内殻空孔が生じることによって，2 個の酸素分子が異なる種類の原子になるため異核 2 原子分子とみなすべきであるからである．

　ところで，O_2 のような 2 原子分子は $D_{\infty h}$ なので無限の要素を持つ無限群の一種である．無限群は扱いが難しいので，群論の教科書では有限群の一番易しい正三角形が例としてよく扱われる．指標の表の使い方を知ることを本章の目的とする．群論の基礎や分子がどの点群に属するかをどう判断すればよいかといった説明を述べた書籍は多いので，O_2 が $D_{\infty h}$ となる理由はそういう本に任せる．本書では群論の専門書では見失いやすい重要な結果だけを直感的に述べることにする．$\chi_1 = s^1$, $\chi_2 = s^2$ と s 軌道で考える．

　$\phi_1 = \dfrac{1}{\sqrt{2(1+S)}}(s^1 + s^2)$ と $\phi_2 = \dfrac{1}{\sqrt{2(1-S)}}(s^1 - s^2)$ が $D_{\infty h}$ の対称操作によってどう変換されるかをまず調べてみる．

　E は恒等変換で何も変化させないので，$E\phi_1 = \phi_1$．C_φ は z 軸の周りに角度 φ の

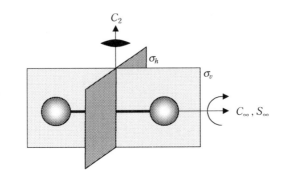

図5

回転操作を表すので，$C_\varphi \phi_1 = \phi_1$. i は，分子の中心の反転なので，例えば，原子1の s 軌道なら原子2の s 軌道に変換される．したがって，$i\phi_1 = \phi_1$. S_φ は回転と反射を組み合わせたものなので，$S_\varphi \phi_1 = \phi_1$. C_2 は図5に示す回転軸なので，$C_2 \phi_1 = \phi_1$. これらは表1の $A_{1g}(\Sigma_g^+)$ の行の係数に一致している．

【問2】 $D_{\infty h}$ の対称操作 E, C_φ, σ_v, i, S_φ, C_2 によって，$\phi_2 = \dfrac{1}{\sqrt{2(1-S)}}\left(s^1 - s^2\right)$ が変換されるときそれが表1の $A_{2u}(\Sigma_u^+)$ の行の係数に一致していることを確認せよ．

A_{1g}, A_{2u} などはマリケン（Mulliken）シンボルと呼ばれる．1電子分子軌道は，通常マリケン・シンボルを小文字にして（1電子波動関数なので）表す．マリケン・シンボルの一般則は

(1) 1次元の表現は A または B, 2次元は E, 3次元は T.
(2) 主軸 C_n の周りの $2\pi/n$ 回転に対し対称（1）は A, 反対称（-1）は B.
(3) A, B の場合，主軸に垂直な C_2 軸（または垂直対称面）に関し対称は1，反対称は2.
(4) σ_h に関して対称は「'」, 反対称は「''」.
(5) 対称中心を持つ群で反転（i）に関して対称は g (gerade), 反対称は u (ungerade).

表2　C_iの指標の表

	E	i
A_g	1	1
A_u	1	-1

(6)　E, Tの添字は複雑．（表1の1列めのEと1行めのEとは意味が違うので注意すること）．

　指標の表は，本来，E, C_φ, σ_v, i, S_φ, C_2の空間中での変換行列を表すべきであったところを，行列の対角成分の和(トレース)のみを示したものである．例えば，z軸の周りの角度φの回転は，2×2行列$\begin{pmatrix}\cos\varphi & -\sin\varphi \\ \sin\varphi & \cos\varphi\end{pmatrix}$で表されるので，対角成分の和は表1に示すように$2\cos\varphi$である．図1の原子1の$p_x$と$p_y$は，対称操作$C_\varphi$によって，$\begin{pmatrix}\cos\varphi & -\sin\varphi \\ \sin\varphi & \cos\varphi\end{pmatrix}\begin{pmatrix}p_x \\ p_y\end{pmatrix}$に従って回転するので，$\varphi = 90°$のとき，$x \to -y$, $y \to x$と変換する．

　p_z軌道やs軌道を考えている限りは，1次元の問題と考えてよいので，表1から本質的な部分だけを抜き出すと，表2のようになる．

　指標の表の縦列と横行をそれぞれベクトルと見ると，直交していることが容易にわかる．たとえば，$\begin{pmatrix}1\\1\end{pmatrix}$と$\begin{pmatrix}1\\-1\end{pmatrix}$が直交しており，(1, 1)と(1, −1)が直交している．指標の組がベクトルとして直交していることにより，ある関数からその対称性の関数を抜き出す射影演算子Pとして，

$P(A_g) = E+i$

$P(A_u) = E-i$

をつくることができる（規格化の因子は無視）．

　A_gは2原子分子の中心の左右対称な関数を現すが，それを，位置zにある1個のs軌道s^1の射影を使って表すと$P(A_g)\,s^1 = (E+i)s^1 = s^1+s^2$となり式 (6) の

ϕ_1 が求まる．同様に，$P(A_\mathrm{u})\mathrm{s}^1 = (E-i)\mathrm{s}^1 = \mathrm{s}^1 - \mathrm{s}^2$ となり，規格化の因子を除き式 (6) の ϕ_2 を求めることができた．

任意の関数は，いろいろな規約表現の成分を含んでいるので，s^1 軌道を A_{1g} へ射影すると，

$$P(A_{1g})\mathrm{s}^1 = \frac{1}{1+2+\infty+1+2+\infty}\left(E + 2C_\varphi + \infty\sigma_v + i + 2S_\varphi + \infty C_2\right)\mathrm{s}^1$$

$$= \frac{1}{g}\left(1\times\mathrm{s}^1 + 2\times\mathrm{s}^1 + \infty\times\mathrm{s}^1 + 1\times\mathrm{s}^2 + 2\times\mathrm{s}^2 + \infty\times\mathrm{s}^2\right) = \frac{1}{2}(\mathrm{s}^1 + \mathrm{s}^2).$$

これを射影演算子という．2次元以上は ∞ の項がゼロである．

【問3】 射影演算子を p_z^1 軌道へ作用させて，$\phi_1 = \mathrm{p}_z^1 + \mathrm{p}_z^2$ と $\phi_2 = \mathrm{p}_z^1 - \mathrm{p}_z^2$ を導け．

【問4】 3次元の場合に図1の p_x, p_y から，問3に相当する対称化軌道を作れ．

図5では無限に小さい角度の回転に対して不変な C_∞ 軸がある．それと垂直な C_2 軸は無限に存在する．それと同時に鏡面 σ_v も無限個存在する．分子の中心は反転中心である．

【問5】 新しい基底関数 $\phi_1 = \dfrac{1}{\sqrt{2(1+S)}}(\mathrm{p}_z^1 + \mathrm{p}_z^2)$ と $\phi_2 = \dfrac{1}{\sqrt{2(1-S)}}\left(\mathrm{p}_z^1 - \mathrm{p}_z^2\right)$ がそれぞれの変換に対して符号を変えるかどうか調べてみよ．

参考書・参考文献

[1] J. Kawai, K. Maeda, I. Higashi, M. Takami, Y. Hayasi, and M. Uda: Site determination of oxygen in B_6O by O Kα X-ray emission spectroscopy, *Phys. Rev.*, **B42**, 5693-5701 (1990).

[2] M. Weissbluth: Atoms and Molecules, Academic, New York (1978) Chap. 5 Finite groups, Chap.26 Electronic states of molecules.

[3] 犬井鉄郎, 田辺行人, 小野寺嘉孝:「応用群論－群表現と物理学－」, 裳華房 (1976) 第5章.

[4] F. A. Cotton 著，中原勝儼 訳：「群論の化学への応用」第2版，丸善 (1980).
[5] C. J. Ballhausen, H. B. Gray: Molecular Orbital Theory, Benjamin/Cummings, Reading, Massachusetts (1964) pp.29-38.
[6] 図3はManneの方法でプロットした．R. Manne: Molecular orbital interpretation of X-ray emission spectra: Simple hydrocarbons and carbon oxides, *J. Chem. Phys.*, **52**, 5733-5739 (1970).

Appendix　群の定義

$1°$　群 G に属する任意の元 a, b に対し積 $a \cdot b$ が定義でき，$a \cdot b \in G$．
$2°$　結合則 $(a \cdot b) \cdot c = a \cdot (b \cdot c)$．
$3°$　G の要素として単位元 e があり，$a \cdot e = e \cdot a = a$．
$4°$　すべての元 a に対して逆元 a^{-1} が存在し，$a \cdot a^{-1} = a^{-1} \cdot a = e$．

　G に含まれる元の数を位数（order）という．

第9章 赤外分光，スメカル－ラマン分光，電子と電磁波の相互作用

「人が事実を用いて科学を作るのは，石を用いて家を造るようなものである．事実の集積が科学でないことは，石の集積が家でないのと同様である．」「我々は皆，よい実験とわるい実験とがあることを知っている．後の方の実験は集積しても何にもならない．そういう実験を百個行なっても，千個行なっても，たとえばパストゥールPasteurのような一人の真の達人のただ一つの仕事で忘却のうちに投げこまれてしまうだけである．ベイコンはよくそれを理解していた．experimentum crucis（十字架による検証，決定的な実験）という語をこしらえたのはベイコンである．」（仮説p.171）

「先入見をすっかり無くして実験しなければならないとは，よく人のいうことである．… それはあらゆる実験に結果を生まない．… 」（仮説p.173）

1. 振動スペクトル

2原子分子の原子間距離を横軸に，縦軸にポテンシャルエネルギーをプロットすると，図1のようになる．すなわち原子間距離が無限遠から近づいてくると，ポテンシャル最低の位置が，実際の2原子分子の平行核間距離であり，それより小さな原子間距離になると原子核の＋同士の反発力が現れて，ポテンシャルエネルギーは無限大へ発散する．

ポテンシャルの最低部分は調和振動子のポテンシャルに似ている．電子が励起された状態のポテンシャルエネルギー曲線は，分子が解離しやすくなっているので，原子間距離が大きい方へややシフト

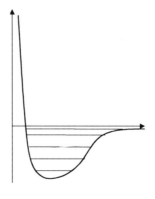

図1

する．図2に示すように，基底状態から，励起状態のそれぞれの振動準位へ光学遷移が生じる．したがって，電子スペクトルに現れる振動スペクトルは，ほぼ等間隔の規則的なスペクトルとなる．等間隔にならないのは，ポテンシャルが，調和振動子からずれて非調和項が効いてくるためである．

1つの放物線ポテンシャル内の準位間隔は，赤外線のエネルギーに相当し，また分子構造によっても変化するので，赤外吸収スペクトルを測定すると振動スペクトルが測定でき，そのスペクトルの吸収ピークから分子構造が

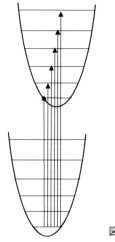

図2

推定できる．またポテンシャルエネルギー曲線の形を決めることも可能である．電子スペクトルは紫外領域より高エネルギー側にあり，振動スペクトルは赤外領域，回転スペクトルはマイクロ波領域にある．

2. 分子の回転の量子化

2章 Appendix D では，質量 m の粒子が半径 r で回転するとき，古典力学では等速円運動の運動エネルギー E と角運動量 L が，

$$E = \frac{1}{2} I \omega^2 \tag{D1}$$

$$L = I \omega \tag{D2}$$

であらわされることを使った．8章の図4の亜鈴型等核2原子分子が化学結合軸に垂直な軸の周りで回転する場合を考える．2つの質点を m_1, m_2 とし，回転の中心（重心）からそれぞれの質点までの距離を r_1, r_2 とする．慣性質量 μ，この回転中心の周りの慣性モーメントを I とすると，回転エネルギー E と角運動量 L は，

$$E = \frac{1}{2} I \omega^2 = \frac{L^2}{2I} \tag{1}$$

第9章 赤外分光，スメカル−ラマン分光，電子と電磁波の相互作用

$$L = I\omega \tag{2}$$

とあらわされる．ただし $I = \mu r^2$, $r = r_1 + r_2$, $\dfrac{1}{\mu} = \dfrac{1}{m_1} + \dfrac{1}{m_2}$. 式 (1) および (2) は直線運動のときの $E = \dfrac{p^2}{2m}$ および $p = mv$ と相似的であることを注意しておく．2章Appendix Dにより，回転の角運動量は$\hbar$の整数倍しか取らないので，$L = J\hbar$ と置くと，系の回転運動のエネルギーは，

$$E = \dfrac{L^2}{2I} = \dfrac{\hbar^2}{2I} J(J+1) \tag{3}$$

と量子化される．ここで$J^2 = J(J+1)$ を使った．$J^2 = J(J+1)$ については，4章のAppendix で $\lambda = l(l+1)$ と置いたことに関係するが，次章でより詳しく述べる．J^2 という演算子の固有値はJ^2 ではなく$J(J+1)$ であることを意味している（3章の文献[8]のランデのg 因子に関する引用も参照）．

式 (3) より，回転のエネルギー準位は，$0, 2, 6, 12, 20, 30, \cdots$ という数列に関係し，その差分をとった数列，$2, 4, 6, 8, 10, \cdots$ というエネルギー差のマイクロ波の吸収に関係することがわかる．各準位の多重度は，$2J+1$ である．これはJ のz軸への射影が$J_z = -J, \cdots 0, \cdots +J$ という整数値をとることに相当する．

3. スメカル−ラマン分光

図3に示すように，入射光によって光を吸収して $|0\rangle \to |n\rangle$ と遷移すると同時に，$|n\rangle \to |1\rangle$ 遷移が生じる場合を考える．蛍光では $|n\rangle$ 状態でそれまで

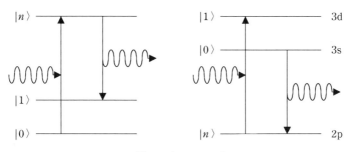

図3 ラマンシフト

の記憶（位相）をいったん忘れて $|n\rangle \to |1\rangle$ が生じるが，ラマン散乱の場合には，$|0\rangle \to |n\rangle \to |1\rangle$ で位相が保存されたまま遷移が生ずる．$|0\rangle$ 状態に微細構造があるとき，その微細構造を測定するためにはエネルギーの低い赤外線を用いる必要があるが，ラマン散乱を用いれば，同じ微細構造を高いエネルギーの例えば可視光を用いて観測できる．X 線ラマン散乱も軟 X 線を硬 X 線エネルギーへシ

図4　Smekal（Beneke 氏提供[4]）．

フトさせる効果がある．この分光法を本書でスメカル-ラマン（Smekal-Raman）分光と呼ぶ．この理由は，参考書欄註と文献参照．ラマン散乱は，後述のクラマース-ハイゼンベルク方程式に従う．

4. 電磁場と電子の相互作用

第2章 Appendix E で扱ったように，電荷 q を磁場 B の中で速度 v で動かすと，B にも v にも垂直な方向へ力が働く．輻射場の中に原子があるとき，B と電場 ε が存在する中を，電子が高速で動いてゆくと考えると，電子の受ける力は，5章4節でも説明したように（ここでは $e<0$ とする），

$$\boxed{F = e\left(\varepsilon + \frac{1}{c} v \times B\right)} \tag{3}$$

で表される．5章では $\dfrac{v}{c}$ が無視できる場合について扱った．6章の式（12）でも使ったように，

$$\varepsilon = -\frac{1}{c}\frac{\partial A}{\partial t}, \quad B = \nabla \times A \tag{6章12}$$

を式（3）へ代入すると，

$$F = -\frac{e}{c}\frac{\partial A}{\partial t} + \frac{e}{c}[v \times (\nabla \times A)]. \tag{4}$$

第9章 赤外分光，スメカル−ラマン分光，電子と電磁波の相互作用

この式から，式（3）または式（4）の力が働く場合の古典的なハミルトニアンが，

$$\boxed{H = \frac{1}{2m}\left(\boldsymbol{p} - \frac{e}{c}\boldsymbol{A}\right)^2} \tag{5}$$

となることを導くことができる．（3）→（5）の導出はやや複雑なので，ここでは（5）→（3）を導出しておくことにする．式（5）からベクトルポテンシャル $\boldsymbol{A}$ は e/c の項を無視すれば，運動量としての物理的意味をもつことがわかる．

古典力学の運動方程式をハミルトニアンで表すと，1章の式（1）で説明したように，

$$\frac{\partial H}{\partial p_x} = \dot{x} \tag{1章1a}$$

$$\frac{\partial H}{\partial x} = -\dot{p}_x \tag{1章1b}$$

である．式（5）を（1章1a）に代入し，p_x で形式的に微分すると，

$$\dot{x} = \frac{1}{m}\left(p_x - \frac{e}{c}A_x\right). \tag{6}$$

式（6）の両辺を t で微分すると加速度を得るので，x 方向に働く力 F_x は，

$$F_x = m\ddot{x} = \dot{p}_x - \frac{e}{c}\dot{A}_x \tag{7}$$

となる．式（1章1b）により形式的に x で微分して $\dot{p}_x$ を計算すると，

$$\dot{p}_x = \frac{1}{m}\frac{e}{c}\left(\boldsymbol{p} - \frac{e}{c}\boldsymbol{A}\right)\cdot\frac{\partial \boldsymbol{A}}{\partial x} \tag{8}$$

なので，式（7）に代入すると，

$$F_x = \frac{1}{m}\frac{e}{c}\left(\boldsymbol{p} - \frac{e}{c}\boldsymbol{A}\right)\cdot\frac{\partial \boldsymbol{A}}{\partial x} - \frac{e}{c}\frac{dA_x}{dt} \tag{9}$$

を得る．この式の中で，

$$\frac{dA_x}{dt} = \frac{\partial A_x}{\partial t} + \dot{x}\frac{\partial A_x}{\partial x} + \dot{y}\frac{\partial A_x}{\partial y} + \dot{z}\frac{\partial A_x}{\partial z} \tag{10}$$

および式 (6) とを (9) に代入すると,

$$\begin{aligned}
F_x &= \frac{e}{c}\dot{\boldsymbol{r}}\cdot\frac{\partial \boldsymbol{A}}{\partial x} - \frac{e}{c}\frac{dA_x}{dt} \\
&= \frac{e}{c}\left(\dot{x}\frac{\partial A_x}{\partial x} + \dot{y}\frac{\partial A_y}{\partial x} + \dot{z}\frac{\partial A_z}{\partial x}\right) - \frac{e}{c}\left(\frac{\partial A_x}{\partial t} + \dot{x}\frac{\partial A_x}{\partial x} + \dot{y}\frac{\partial A_x}{\partial y} + \dot{z}\frac{\partial A_x}{\partial z}\right) \\
&= -\frac{e}{c}\frac{\partial A_x}{\partial t} + \frac{e}{c}\left[\dot{y}\left(\frac{\partial A_y}{\partial x} - \frac{\partial A_x}{\partial y}\right) + \dot{z}\left(\frac{\partial A_z}{\partial x} - \frac{\partial A_x}{\partial z}\right)\right].
\end{aligned} \qquad (11)$$

式 (4) の x 成分を計算すると, (11) になることを確かめることができる. したがって電磁場の中で運動する荷電粒子の古典的ハミルトニアンは式 (5) で与えられることがわかった. 量子化は $\boldsymbol{p}$ を $-i\hbar\nabla$ で置き換えることによって量子化することができる.

$$H = \frac{1}{2m}\left(-i\hbar\nabla - \frac{e}{c}\boldsymbol{A}\right)^2. \qquad (12)$$

原子の中で原子核からの引力ポテンシャル V の中で運動する電子のハミルトニアンは,

$$H = -\frac{\hbar^2}{2m}\nabla^2 + V + \frac{i\hbar e}{2mc}(\nabla\cdot\boldsymbol{A} + \boldsymbol{A}\cdot\nabla) + \frac{e^2}{2mc^2}\boldsymbol{A}\cdot\boldsymbol{A} \qquad (13)$$

となる. この式を適当に近似したものが 5 章式 (3) であったわけである. 電磁場と電子の相互作用ハミルトニアンを H' として,

$$H = H_0 + H' \qquad (14)$$

と摂動を分離する. ここで,

$$H' = \frac{i\hbar e}{2mc}(\nabla\cdot\boldsymbol{A} + \boldsymbol{A}\cdot\nabla) + \frac{e^2}{2mc^2}\boldsymbol{A}\cdot\boldsymbol{A}. \qquad (15)$$

この $H'(t)$ が光の吸収や発光を引き起こす摂動となるハミルトニアンである.

【問 1】 $(\nabla\cdot\boldsymbol{A}) + (\boldsymbol{A}\cdot\nabla) = 2(\boldsymbol{A}\cdot\nabla)$ を証明せよ. ただし $(\nabla\cdot\boldsymbol{A}) = \mathrm{div}\boldsymbol{A} = 0$ とする (この条件をクーロンゲージと呼ぶ).

第9章 赤外分光,スメカル−ラマン分光,電子と電磁波の相互作用　　*101*

$$(\nabla \cdot A\psi) = (\nabla \cdot A)\psi + (A \cdot \nabla)\psi = (A \cdot \nabla)\psi$$

したがって式 (15) は,

$$\boxed{H' = -\frac{e}{mc}(A \cdot p) + \frac{e^2}{2mc^2} A \cdot A} \tag{16}$$

レーザーのように強い電場の電磁波の場合には $A \cdot A$ 項は $A \cdot p$ 項と同程度の大きさになるが,弱い光の場合には(シンクロトロン放射光でも)$A \cdot A$ 項は無視できる.

【問 2】 $p \cdot A - A \cdot p = -i\hbar \,\mathrm{div} A$ を示せ.

5. クラマース−ハイゼンベルク方程式

式 (13) と (16) より,原子+輻射場のハミルトニアンは,

$$H = \frac{p^2}{2m} + V - \frac{e}{mc}(A \cdot p). \tag{17}$$

ここで輻射場のベクトルポテンシャルを,5 章末尾の[6]で説明した

$$A(t) = A_0 \{\exp(i\omega t) - \exp(-i\omega t)\} \tag{18}$$

とおく($A(t)$ は $\sin \omega t$ で変化).これは電磁波の電場が $\varepsilon \sim \cos \omega t$ で変化する場合に相当する($\varepsilon = -\frac{1}{c}\frac{\partial A}{\partial t}$ だから).このベクトルポテンシャルを式 (17) に代入して,

$$-\frac{\hbar^2}{2m}\nabla^2 \psi + V\psi - i\hbar \frac{\partial \psi}{\partial t} = \frac{e}{mc} A_0 (-i\hbar \nabla)\{\exp(i\omega t) - \exp(-i\omega t)\}\psi \tag{19}$$

これが 5 章の式 (3) をベクトルポテンシャルを使って表したものである.5 章の式 (4) では,

$$\Psi(z,t) = \gamma_0(t)\Psi_0(z,t) + \gamma_1(t)\Psi_1(z,t) = \gamma_0(t)\psi_0(z)\exp\left(-\frac{iE_0 t}{\hbar}\right) + \gamma_1(t)\psi_1(z)\exp\left(-\frac{iE_1 t}{\hbar}\right)$$

として 2 項だけで展開したが,実際には離散準位や連続準位も含めた無限級数で展開する必要がある.すなわち,

$$\Psi(z,t) = \gamma_0(t)\Psi_0(z,t) + \gamma_1(t)\Psi_1(z,t) + \sum_n \gamma_n(t)\Psi_n(z,t). \tag{20}$$

この式の Σ は離散準位では和，連続準位では積分を意味する．そうすると，

$$\Psi(z,t) = \gamma_0(t)\psi_0(z)\exp(-i\omega_0 t) + \gamma_1(t)\psi_1(z)\exp(-i\omega_1 t) + \sum_n \gamma_n(t)\psi_n(z)\exp(-i\omega_n t)$$

単色の光が原子に入射したとき，その光で励起された先のエネルギーをもつ状態（図3の $|n\rangle$ 状態）は，δ 関数ならば原子の他のエネルギー準位とも混ざり合うことはないので，図3の $|0\rangle \to |n\rangle \to |1\rangle$ という1つの道筋しか生じないが，中間状態 $|n\rangle$ のエネルギーはハイゼンベルクの不確定性原理によって Γ_n の広がりがあり，$\sum_n \gamma_n(t)\psi_n(z)\exp(-i\omega_n t)$ という無限の準位からの寄与を考慮することが必要になる．これをすべて取り入れると，

$$I(\omega,\omega') = \left| \sum_n \frac{\langle 1|er|n\rangle\langle n|er|0\rangle}{E_0 + \hbar\omega - E_n - i\Gamma_n} \right|^2 \tag{21}$$

が得られる．これをクラマース–ハイゼンベルク（Kramers-Heisenberg）方程式と呼ぶ．

例として，カルシウムイオン Ca^{2+} のX線ラマン散乱を考える．基底状態は $|0\rangle = |2p^6 3s^2 3d^0\rangle$ である．入射光 $\hbar\omega$ を吸収することによって $2p \to 3d$ 遷移が生じ，ついで $3s \to 2p$ 遷移が生じて $\hbar\omega'$ の光を放出して終状態 $|1\rangle = |2p^6 3s^1 3d^1\rangle$ へと遷移する．中間状態 $|n\rangle = |2p^5 3s^2 3d^1\rangle$ には多くの状態が混ざる．$i\Gamma_n$ は粘性の媒質中を電子が動くときの摩擦抵抗による減衰を表す．

クラマース–ハイゼンベルク方程式はスメカルが予測したラマン散乱（3章[11]）を記述する式である．2つの遷移が独立に生じる場合はリッツの結合則（第3章2.3節）と呼ばれるが，ハイゼンベルクが行列力学を創るに際しては，リッツの結合則の2つの遷移を独立事象として考えたのではなく，クラマース–ハイゼンベルク方程式として扱ったように2つの遷移が引き続いて生じるとして行列の積に相当する掛け算を考えたのであった．

参考書・参考文献＋読書案内

[1] Adolf Smekal は現代では完全に忘れ去られた人物である．1923年に今で言うラマン散乱の理論を提案した [*Naturwiss.*, **11**, 873 (1923)]．Smekal の著書は膨大

で，たとえば，A. Smekal 編：Handbuch der Physik, Vol.24/2, Aufbau der zusammenhangenden Materie, Speinger, Berlin (1933) は 1200 ページあまりの大著で著者は Kronig, Born, Sommerfeld ら．Smekal 自身も 5 章 Strukturempfindliche Eigenschaften der Kristalle（結晶の構造敏感な性質）pp.795-922 を書いている．この章の引用文献から非常にたくさんの論文を書いていることがわかる．いわば当時の大物理学者であった．ドイツ語圏ではスメカルを知っている人も多い．

[2]　一方，カルカッタの役所の会計課に 18 歳から勤め始めた C. V. Raman は勤務後に趣味で研究を行ない，1917 年にカルカッタ大学の教授となった．ラマンは 1923 年に日光を光源として光の水による散乱を調べていたとき，「弱い蛍光」を発見した．コンプトンがコンプトン効果を発見したのも 1923 年である（第 1 章文献[11]）．ラマンは 5 年間にわたりさまざまな液体の散乱光を観測し，1928 年高い対称性をもつ分子液体ほど「弱い蛍光」が強く偏光していることを発見し，水銀灯を光源として K. S. Krishnan とともにベンゼンのラマン散乱光の観測に成功した [A new type of secondary radiation, *Nature*, **121**, 501 (1928)]．1930 年にはラマン効果の発見に対してノーベル物理学賞が与えられた．以上で引用したラマンの生涯については，北川禎三，Anthony T. Tu：「ラマン分光学入門」，化学同人（1988）の序章に書かれている．ロシアの Grigory Samuilovich Landsberg（Григорий Самуилович Ландсберг）と Leonid Isaakovich Mandelstam（Леонид Исаакович Мандельштам）も 1928 年に Raman より早く発見したといわれている（M. Born: Atomic Physics, 8th ed., Dover (1969) p.264）.

[3]　A. Momber: Der Werkstoffwissenschaftler Adolf G. Smekal 1895-1959, *Forsch Ingenieurwes*, **70**, 114-119 (2006).

[4]　K. O. T. Beneke: Adolph (Gustav Stephan) Smekal (12.09.1895 Wien - 07.03.1959 Graz) und der Smekal-Raman-Effekt, http://www.uni-kiel.de/anorg/lagaly/group/klausSchiver/smekal.pdf.

[5]　G. ヘルツベルグ 著，奥田典夫 訳：「分子スペクトル入門」，培風館 (1975).
分子スペクトル全般に関してコンパクトにまとまったわかりやすい教科書．ヘルツベルグには，大部の著書が何冊もあるが，最近では入手が難しい．この本はそのダイジェスト版である．ただし次の本はペーパーバックの廉価版が入手可能である．

[6]　G. Herzberg: Molecular Spectra and Molecular Structure, Vol. I, 2nd ed. Van Nostrand, Princeton (1939), pp.658. このペーパーバックは，印刷の画質が悪いのと，原版に誰かが引いたアンダーラインがいっぱいあって目障りなことに我慢して読む必要がある．ゼミで輪読するのによい本である．

[7]　G. C. Schatz, M. A. Ratner: Quantum Mechanics in Chemistry, Prentice-Hall (1993) 5章．電磁場と電子の相互作用（本章4節以降）は主に本書によった．

X線ラマン散乱については，

[8]　K. Tohji, Y. Udagawa: Novel approach for structure analysis by X-ray Raman scattering, *Phys. Rev.* **B36**, 9410–9412 (1987)やF. M. F. de Groot: 3s2p inelastic X-ray scattering of CaF$_2$, *Phys. Rev.*, **B53**, 7099-7110 (1996) などを参照．

[9]　$\boldsymbol{p}\cdot\boldsymbol{A} - \boldsymbol{A}\cdot\boldsymbol{p} = -i\hbar\,\mathrm{div}\boldsymbol{A}$ については，3章文献[6]（井上 健）の p.369，6章文献[11] p.515 参照．

クラマース–ハイゼンベルク方程式については，

[10]　J. J. Sakurai: Advanced Quantum Mechanics, Addison-Wesley (1967) pp.47-57.

[11]　3章の文献[5] 湯川秀樹：pp.303-311対応論的輻射論；3章文献[6]井上 健：pp.389-393；本章文献[7]に詳しい．

[12]　H. A. Kramers: Quantum Mechanics, translated by D. ter Haar, Dover (1957).

[13]　3章文献[7].

第10章　対称性：スペクトルの多重項構造と無限群，角運動量

> 「ベクトルが解析学に導入されたのは，虚数の理論によってであった．」
> （価値 p.156）
> 「光学では二個のベクトルが導入されている．これを人は一つは速度のようなもの，もう一つは渦のようなものと見なしている．」（仮説 p.183）
> 「ラプラス（Laplace, Pierre Simon 1749-1827 フランスの数学者・物理学者）の方程式と言う名の同じ方程式がニュートンの引力理論・流体運動の理論・電気ポテンシャルの理論・磁気の理論・熱伝播の理論，その他さらにたくさんの理論の中に現れる．」（価値 p.157）

前章および2章 Appendix D で等速円運動のエネルギーと角運動量についての式を使った．本章でも回転を扱かう．

質量 m，速度 v，すなわち運動量 $p = mv$ の彗星が太陽から距離 r の位置を通過するとき，「運動量のモーメント」をベクトル積

「**角運動量**」＝「運動量のモーメント」＝ $r \times p$

で定義する．これを**角運動量**と呼ぶ．$r \times$ (物理量) を「(物理量) の (1次の) モーメント)」と呼ぶ．太陽と彗星の引力によって r が p の方向を向くまで回転する．回転の中心からどのくらい遠くで，どのくらい勢いよく渦

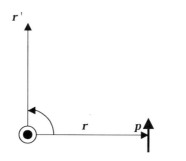

図1

を巻いているかを表すのが角運動量である。角運動量ベクトルは，r が p と同じ方向を向くまで回転させるのが反時計回り（CCW, counter clockwise）のとき，紙面から読者側へ出てくる矢印で表す．すなわち，ベクトル積の矢印はあくまで便宜的なもので，実際には渦のような回転運動を表していることを忘れてはならない（2つの回転の合成はベクトルと同じ足し算の規則に従う）．r の回転を，人差し指から小指までの右手の指を湾曲させて示すとき，親指の向きが角運動量ベクトルの向きである．だから左手を基準にとって，時計回り（CW）のときに紙面から上に突き出すように定義することも可能である．

質量 m の質点が半径 r の円運動するとき，1秒間の回転数（周波数）を ν とすると，その 2π 倍（1周が 2π ラジアン）を角速度 ω と呼ぶ．円周上で接線方向の速度 v は，

$$v = r\omega, \tag{1}$$

円の中心に対する慣性モーメント I は，

$$I = mr^2 \tag{2}$$

で表される．角運動量は，

$$l = r \times p = m\, r \times v. \tag{3}$$

したがって，円運動の場合には，

$$l = mvr \tag{4}$$

である．一方，

$$l = I\omega = \left(mr^2\right)\left(\frac{v}{r}\right) = mvr \tag{5}$$

となって一致することが確認できる．したがって，

$$l = mr^2\omega. \tag{6}$$

角運動量の単位は，[kg·m·m/s] = [J·s] なので「作用」の単位をもつ．したがって角運動量は $\hbar = h/2\pi = 1.05 \times 10^{-34}$ J·s を単位として量子化される．

【問1】 パチンコ玉は許容範囲が厳格に規定された工業製品で，直径 11 mm の

第10章　対称性：スペクトルの多重項構造と無限群，角運動量

鉄球である．この密度を 7.9 g/cm^3 として，パチンコ玉が平面上を 10 cm/s の速さで転がるときの自転の角運動量を求めよ(実際のパチンコ玉は表面はメッキされており内部とは異なる組成をもつ)．

【答1】　剛体球の慣性モーメントは下で説明するので，ここでは，半径 5.5 mm で質点が回転する場合についてアバウトにオーダーだけ計算する．
$$l = mvr = \left(\frac{4}{3}\pi r^3 \rho\right)vr = (5.5\text{ g})\cdot(10\text{ cm/s})\cdot(0.0055\text{ m}) = 3\times 10^{28}\hbar$$
オーダーはあっている．鉄の原子量は 55.8 なので，パチンコ玉には 0.1 モルの原子数が入っている．半径 5 mm，周回速度 10 cm/s で公転する鉄原子は $10^5\hbar \sim 10^6\hbar$ くらいの角運動量をもっている．

【問2】　地球が太陽の周りを自転しながら公転するときの自転と公転のそれぞれの角運動量とその和(自転軸は公転軸から30度傾いているとして)を求めよ．(地球の半径 6400 km，質量 6.0×10^{24} kg，太陽からの距離 1.5×10^{11} m，地球の自転軸の周りの慣性モーメント 8×10^{37} kg·m^2)

【答2】公転の角運動量　$l = mr^2\omega = 5\times 10^{74}\hbar$
自転の角運動量　$s = I\omega' = 5\times 10^{67}\hbar$
$j = l + s \approx 5\times 10^{74}\hbar$

【問3】　水素原子において電子が原子核の回りを公転するときの角運動量を求めよ．

【答3】　2章式(D5)より，$0, \hbar, 2\hbar, \cdots$

ボーア半径は $a = \dfrac{\hbar^2}{me^2} = 0.529$ Å であるから，この円周上を電子が公転しているとき，角運動量が $\hbar$ なら，$mr^2\omega = \hbar$ とすれば，$ma^2\omega = \hbar$ となるので，

図2 陽電子の回転による磁場の発生. 磁石のN・Sとの対応は2章図E1参照. 磁気モーメント (magnetic moment) と角運動量 (angular momentum) の違いに注意すること.

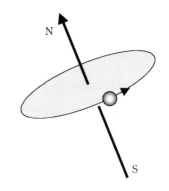

$\omega = (1.05\times 10^{-34}\,\text{J}\cdot\text{s})/\{(9.11\times 10^{-31}\,\text{kg})\times(0.53\times 10^{-10}\,\text{m})^2\} = 4\times 10^{16}\,\text{rad/s} = 10^{16}\,\text{Hz}$
で原子核の周りを公転している. 接線方向の速度は, $v = r\omega = 2\times 10^6\,\text{m/s}$ である. 電子の公転によって流れる電流は, $i = e\times$(1秒間の公転数)なので, 磁気モーメント $\bm{p}_m$ は,

$$\bm{p}_m = i\times(\text{渦電流の面積}) = \left(\frac{\hbar}{ma^2}\right)\frac{e}{2\pi}\times\pi a^2 = \frac{\hbar e}{2m} \tag{7}$$

となる. 前ページ最後の式 $ma^2\omega = \hbar$ より $\left(\dfrac{\hbar}{ma^2}\right)$ は ω となるからである. したがって公転軌道上の電子は,

$$\bm{p}_m = \frac{e}{2m}\times(\text{軌道角運動量})$$

という磁気モーメントをもつ磁石としてふるまう. 図2は $+e$ の陽電子が公転する場合の磁気モーメントをあらわす.

電子のもつ静電エネルギーは $\dfrac{e^2}{r}$, 質量のエネルギーは mc^2 なので, $\dfrac{e^2}{r} = mc^2$ だとすると, $r = \dfrac{e^2}{mc^2}$ が得られる. これより電子の自転は, 古典電子半径が $r_e = \dfrac{e^2}{mc^2}$
$= 2.818\times 10^{-15}\,\text{m}$ の剛体球とすると ($e = 4.80\times 10^{-10}\,\text{esu}$ であることに注意), 電子の慣性モーメントは $\dfrac{2}{5}mr_e^2$ なので, $I\omega_e = \dfrac{\hbar}{2}$ なら, $\omega_e = \dfrac{5}{4r_e}\left(\dfrac{hc}{e^2}\right)c = 2\times 10^{25}$
rad/s で回転していることになる. $\dfrac{hc}{e^2} = 137$ を微細構造定数というので, 古典電子の表面速度が $v = r\omega = 5\times 10^{10}\,\text{m}$, すなわち光速より2桁速い接線速度で回転していることに相当する. これは相対性理論に矛盾している. 表面の接線速度の

式は，$v = \dfrac{5}{4}\left(\dfrac{\hbar c}{e^2}\right)c$ となるので半径の項がキャンセルアウトして，古典電子半径がどんな値でも，すなわち光速に近いスピードで回転することによって半径が収縮しても，古典的な枠内で考えている限りは相対性理論に矛盾する．

水素原子の中の電子の全角運動量は，軌道角運動量 L とスピン角運動量 S のベクトル和 $L+S$ で表される．古典的には，全角運動量 $L+S$ で回転する電荷によって流れる電流によって発生する磁気モーメントは，

$$p_m = \frac{e}{2m} \times (L+S) \tag{8}$$

となるはずであるが，ディラックによる相対論的量子力学の結果では，

$$p_m = \frac{e}{2m} \times (L+2S) \tag{8'}$$

が正しい．L の係数 1 と S の係数 2 はそれぞれ軌道角運動量についての g 因子，スピンについての g 因子と呼ぶ．多電子原子の g 因子は，

$$g = \frac{3}{2} + \frac{S(S+1) - L(L+1)}{2J(J+1)} \tag{9}$$

となり，これをランデの g 因子という（LS 結合の場合）．ここで S はスピン角運動量の和（$\hbar$ 単位），L は軌道角運動量の和である．$J = L + S$．

【問4】 半径 r，質量 m の剛体球の中心軸の周りの慣性モーメントが，$\dfrac{2}{5}mr^2$ となることを，円板の重ね合わせ，および，球殻の重ね合わせとして，2 種類の積分方法で証明せよ．

式（3）の $\boldsymbol{l} = \boldsymbol{r} \times \boldsymbol{p}$ において，$\boldsymbol{p}$ として，3 章のシュレディンガー方程式を導いたときの関係式 $\boldsymbol{p} = -i\hbar \nabla$ を代入してみると，

$$\boldsymbol{l} = -i\hbar \left(y\frac{\partial}{\partial z} - z\frac{\partial}{\partial y},\ z\frac{\partial}{\partial x} - x\frac{\partial}{\partial z},\ x\frac{\partial}{\partial y} - y\frac{\partial}{\partial x} \right) \tag{10}$$

が発見的に得られる．この式が量子力学全体と矛盾していないか確かめることができれば，式（10）を軌道角運動量に対する演算子として使うことができる．$\hbar$ を単位とすれば，軌道角運動量の演算子に対する固有値として，軌道角運動量量

子数 l を代用することができる．この場合，$l = 0, 1, 2, \cdots$ に対する角運動量は 0, $\hbar, 2\hbar, \cdots$ であることを忘れないようにする必要がある．

4章のAppendixでは，水素原子の動径方向のシュレディンガー方程式を，

$$\frac{1}{\varphi(r)}\frac{d}{dr}\left(r^2\frac{d\varphi}{dr}\right)+\frac{2mr^2}{\hbar^2}\{E-V(r)\}=l(l+1)$$ とおけることについて説明した．この式を変形すると，

$$\frac{1}{r^2}\frac{d}{dr}\left(r^2\frac{d\varphi(r)}{dr}\right)+\left\{\frac{2m}{\hbar^2}[E-V(r)]-\frac{l(l+1)}{r^2}\right\}\varphi(r)=0\ .$$ ここで，見かけのポテンシャル $V(r) + \dfrac{l(l+1)\hbar^2}{2mr^2}$ は，水素原子型のポテンシャルエネルギー $V(r)$ と遠心力ポテンシャル

$$U(r) = \frac{l(l+1)\hbar^2}{2mr^2} \tag{11}$$

との和である．一方古典力学では，中心力は，$mr\omega^2$ となるので，

$$F = mr\omega^2 = mr\left(\frac{L}{mr^2}\right)^2 . \tag{12}$$

なぜなら $\omega = L/mr^2$ だからである．保存力の場合には，

$$F = -\mathrm{grad}\,U(r) \tag{13}$$

が力なので，式(11)と(12)を(13)に代入すると，

$$\boldsymbol{L}^2 = l(l+1)\hbar^2 . \tag{14}$$

すなわち，量子力学では（$\hbar = 1$ として除けば），角運動量演算子 $\boldsymbol{L}^2$ の固有値は l^2 ではなく，$l(l+1)$ となることに注意する必要がある．角部分の固有関数を一般に $|l, m\rangle$ と書けば，式(14)は，

$$\boldsymbol{L}^2|l, m\rangle = \hbar^2 l(l+1)|l, m\rangle \tag{15}$$

を意味している．同様に，式(10)の z 成分 $L_z = -i\hbar\left(x\dfrac{\partial}{\partial y} - y\dfrac{\partial}{\partial x}\right)$ については，

$$L_z|l,m\rangle = \hbar m|l,m\rangle. \tag{16}$$

大文字の L や S は通常は原子の中の電子の軌道角運動量をすべて足したもの・スピンを全部足したもの，を意味する．小文字は1電子の軌道角運動量・スピンを表す．

本書での式 (14) の証明は，実はちゃんとした証明になっていないことは指摘しておきたい．というのは4章の Appendix では $l(l+1)$ を天下り式に与えたからである．ここで証明したのは，その $l(l+1)$ と L^2 の固有値が同じ起源だということだけである．

式 (16) の両辺に (L_x+iL_y) を作用させると，

$$(L_x+iL_y)L_z|l,m\rangle = \hbar m(L_x+iL_y)|l,m\rangle. \tag{17}$$

(L_x+iL_y) と L_z の交換関係が，

$$(L_x+iL_y)L_z - L_z(L_x+iL_y) = -\hbar(L_x+iL_y) \tag{18}$$

となることを使えば，式 (17) は

$$L_z(L_x+iL_y)|l,m\rangle = \hbar(m+1)(L_x+iL_y)|l,m\rangle \tag{19}$$

となる．したがって $\{(L_x+iL_y)|l,m\rangle\}$ をひとかたまりの新しい固有関数と考えれば，この関数は演算子 L_z の固有値として $(m+1)$ を持つので，$|l,m+1\rangle$ と表すべきであることが想像できる．(L_x+iL_y) は調和振動子においてはしごを1段ずつ登ったり降りたりする生成・消滅演算子と同じようなものであることがわかる．

【問5】 式 (18) を証明せよ．

【問6】 演算子 (L_x-iL_y) について，$m-1$ となることを確かめよ．

【問7】 $2p_{1/2}$ と $2p_{3/2}$ のスピン－軌道相互作用によるエネルギーの分裂幅を求めよ．

【答7】 スピン-軌道相互作用は,電子の軌道運動を電子の上に立って眺める立場で理解が可能である.電子から原子核を見ると,原子核は電子の周りを回転し,原子核によるクーロンポテンシャルが電子のまわりで回転することにより電子の位置で磁場を発生する.$j=1/2$ と $3/2$ に対して $H_{SO} = \lambda \boldsymbol{l} \cdot \boldsymbol{s}$ を計算する.ただし $\boldsymbol{j} = \boldsymbol{l} + \boldsymbol{s}$.また $\lambda \propto |\varepsilon| \propto \left|\dfrac{dV}{dr}\right|$ である(ε は電子が通過する位置の原子核によって作られる電場,V は原子のポテンシャルエネルギー).このエネルギー分裂は $K\alpha_2(2p_{1/2} \to 1s)$ と $K\alpha_1(2p_{3/2} \to 1s)$ のエネルギー差に相当する.

$$\boldsymbol{l} \cdot \boldsymbol{s} = \frac{(\boldsymbol{l}+\boldsymbol{s})^2 - \boldsymbol{l}^2 - \boldsymbol{s}^2}{2} \quad \left[\text{なぜなら } (\boldsymbol{l}+\boldsymbol{s})^2 = \boldsymbol{l}^2 + 2\boldsymbol{l} \cdot \boldsymbol{s} + \boldsymbol{s}^2\right]$$

$$= \frac{\boldsymbol{j}^2 - \boldsymbol{l}^2 - \boldsymbol{s}^2}{2}$$

$$= \frac{j(j+1) - l(l+1) - s(s+1)}{2}.$$

$j=1/2$ のとき $\boldsymbol{l} \cdot \boldsymbol{s} = -1$,$j=3/2$ のとき $\boldsymbol{l} \cdot \boldsymbol{s} = 1/2$ だから,$K\alpha_1$ と $K\alpha_2$ のエネルギー差は,$\dfrac{3}{2}\lambda$ となる.

球の回転は任意の微小回転でも回転前の球に一致するので回転群は「連続群」の一種で無限の要素からなるが,以下では回転群と角運動量演算子の関係について,簡単に触れることにする.3次元における回転と2次元平面での回転について関連させながら説明する.

大きさ1の複素数 $e^{i\theta} = \cos\theta + i\sin\theta$ を任意の複素数に掛けるのは,2次元平面で θ の回転をさせることに対応している.3次元でのベクトルの回転は,3×3 行列,例えば z 軸の周りの角度 α の回転なら,

$$\begin{pmatrix} \cos\alpha & -\sin\alpha & 0 \\ \sin\alpha & \cos\alpha & 0 \\ 0 & 0 & 1 \end{pmatrix} \tag{20}$$

である.複素数と同じように3次元の回転はクォータニオン(quaternion)

$$A = A_w + iA_x + jA_y + kA_z$$

を掛けることに相当する．複素数では $i^2 = -1$ であったのと同様に，クォータニオンでは

$$ijk = i^2 = j^2 = k^2 = -1,$$

$$ij = -ji = -k \text{ など},$$

という関係がある．クォータニオンはコンピュータグラフィックスの手法として最近注目されている．行列の掛け算をする代わりに複素数の掛け算のように座標の回転を表すことができるからである．スピンを表すパウリ行列は，

$$\sigma_x = \begin{pmatrix} 0 & 1 \\ 1 & 0 \end{pmatrix}, \; \sigma_y = \begin{pmatrix} 0 & -i \\ i & 0 \end{pmatrix}, \; \sigma_z = \begin{pmatrix} 1 & 0 \\ 0 & -1 \end{pmatrix}$$

なので i, j, k とは，$i\sigma_x = i$, $i\sigma_y = j$, $i\sigma_z = k$ という関係がある．

【問8】 2次元の回転を表す行列 $R = \begin{pmatrix} \cos\theta & \sin\theta \\ -\sin\theta & \cos\theta \end{pmatrix}$ の固有ベクトルと固有値を求めよ．また R を対角化せよ．つまり，ある行列 U を求めて $U^{-1}RU$ が対角行列となるような U を求めよ．

【答8】 $\begin{pmatrix} \cos\theta & \sin\theta \\ -\sin\theta & \cos\theta \end{pmatrix}$ はベクトル $\begin{pmatrix} a \\ b \end{pmatrix}$ の時計方向の θ の回転なので，$\begin{pmatrix} \cos\theta & \sin\theta \\ -\sin\theta & \cos\theta \end{pmatrix}\begin{pmatrix} a \\ b \end{pmatrix} = \lambda \begin{pmatrix} a \\ b \end{pmatrix}$ のように方向を変えないベクトルは実空間には存在しない．すなわち

$\begin{pmatrix} \cos\theta - \lambda & \sin\theta \\ -\sin\theta & \cos\theta - \lambda \end{pmatrix}\begin{pmatrix} a \\ b \end{pmatrix} = \mathbf{0}$ が $\begin{pmatrix} a \\ b \end{pmatrix} = \mathbf{0}$ 以外の解を持つための必要条件は，

係数行列式 $\begin{vmatrix} \cos\theta - \lambda & \sin\theta \\ -\sin\theta & \cos\theta - \lambda \end{vmatrix} = 0$ となることである．$\therefore (\cos\theta - \lambda)^2 + \sin^2\theta = 0$．計算して，$\lambda^2 - 2\lambda\cos\theta + 1 = 0$．この2次方程式を解いて

$\lambda = \cos\theta \pm \sqrt{\cos^2\theta - 1} = \cos\theta \pm i\sin\theta = e^{\pm i\theta}$ を得る．これが行列の固有値である．

この2つの固有値に対応する固有ベクトルを求める.

$$\begin{pmatrix} \cos\theta & \sin\theta \\ -\sin\theta & \cos\theta \end{pmatrix}\begin{pmatrix} a \\ b \end{pmatrix} = e^{\pm i\theta}\begin{pmatrix} a \\ b \end{pmatrix}.$$ 計算すると, $a \pm bi = 0$ となるので, 例えば $\begin{pmatrix} 1 \\ i \end{pmatrix}$ と $\begin{pmatrix} 1 \\ -i \end{pmatrix}$ が固有ベクトルである. 規格化すれば $\begin{pmatrix} \frac{1}{\sqrt{2}} \\ \frac{i}{\sqrt{2}} \end{pmatrix}$ と $\begin{pmatrix} \frac{1}{\sqrt{2}} \\ -\frac{i}{\sqrt{2}} \end{pmatrix}$ となる.

したがって U と U^{-1} はこれらのベクトルを並べて $\begin{pmatrix} \frac{1}{\sqrt{2}} & \frac{1}{\sqrt{2}} \\ \frac{i}{\sqrt{2}} & -\frac{i}{\sqrt{2}} \end{pmatrix}$ と

$$\begin{pmatrix} \frac{1}{\sqrt{2}} & \frac{1}{\sqrt{2}} \\ \frac{i}{\sqrt{2}} & -\frac{i}{\sqrt{2}} \end{pmatrix}^{-1} = \begin{pmatrix} \frac{1}{\sqrt{2}} & \frac{-i}{\sqrt{2}} \\ \frac{1}{\sqrt{2}} & \frac{i}{\sqrt{2}} \end{pmatrix}$$ である. $U^{-1} = U^{\dagger}$ となるときの行列 U をユニタリー行列という. ただし, $U^{\dagger} = (U の転置共役) = {}^t\overline{U} = $ [エルミート (Hermite) 共役].

$$U^{\dagger} = \begin{pmatrix} \frac{1}{\sqrt{2}} & \frac{-i}{\sqrt{2}} \\ \frac{1}{\sqrt{2}} & \frac{i}{\sqrt{2}} \end{pmatrix} = U^{-1}$$ であるからこの問題の U はユニタリー行列である.

$$U^{\dagger}RU = U^{-1}\begin{pmatrix} \cos\theta & \sin\theta \\ -\sin\theta & \cos\theta \end{pmatrix}U = \begin{pmatrix} e^{i\theta} & 0 \\ 0 & e^{-i\theta} \end{pmatrix}.$$ すなわち対角成分は R の固有値となる.

前ページの σ_y を用いて, $R = \cos\theta + i\sigma_y\sin\theta$ と表すことができる[15].

【問9】 $UU^{\dagger} = U^{\dagger}U = E$ を確認せよ.

【問10】 URU^{-1} を計算せよ.

エルミート共役行列 (転置共役行列) が自分に等しい場合, すなわち $A = A^{\dagger}$ の

とき，A をエルミート行列と言う．実数行列なら対称行列になる．エルミート演算子 A に対して適当なユニタリー行列 U を取れば，$U^{-1}AU$ を対角行列にすることができ，その対角成分は A の固有値で実数になる．エルミート演算子は観測可能な実数の物理量に対応した行列である．

z 軸の周りの角度 α の回転は式（20）で表されるが，一般に 3 次元空間での回転は，回転軸とその軸の周りの回転角度を決めれば一意的に決まる．回転軸を z 軸に選ぶとき，その回転を次のように表すことにする．

$$\begin{pmatrix} \cos\alpha & -\sin\alpha & 0 \\ \sin\alpha & \cos\alpha & 0 \\ 0 & 0 & 1 \end{pmatrix} = \exp[-i\alpha L_z] \tag{21}$$

もしも回転角度 α が微小なら（球は微小な角度の回転によって，すなわち連続的に，自分自身になる），$e^x = 1 + x + \dfrac{x^2}{2!} \cdots$ なので，x の 1 次の項までとれば，

$$\exp[-i\alpha L_z] \approx 1 - i\alpha L_z . \tag{22}$$

一方で，$\cos\alpha = 1$，$\sin\alpha = \alpha$ なので，

$$\begin{pmatrix} \cos\alpha & -\sin\alpha & 0 \\ \sin\alpha & \cos\alpha & 0 \\ 0 & 0 & 1 \end{pmatrix} \approx \begin{pmatrix} 1 & -\alpha & 0 \\ \alpha & 1 & 0 \\ 0 & 0 & 1 \end{pmatrix}$$
$$= \begin{pmatrix} 1 & 0 & 0 \\ 0 & 1 & 0 \\ 0 & 0 & 1 \end{pmatrix} - \begin{pmatrix} 0 & \alpha & 0 \\ -\alpha & 0 & 0 \\ 0 & 0 & 0 \end{pmatrix} \tag{23}$$

式（22）と（23）を比較すれば，$L_z = \begin{pmatrix} 0 & -i & 0 \\ i & 0 & 0 \\ 0 & 0 & 0 \end{pmatrix}$．

【問 11】 同様にして，$L_x = \begin{pmatrix} 0 & 0 & 0 \\ 0 & 0 & -i \\ 0 & i & 0 \end{pmatrix}$，$L_y = \begin{pmatrix} 0 & 0 & i \\ 0 & 0 & 0 \\ -i & 0 & 0 \end{pmatrix}$ を証明せよ．

これらの行列において，$\hbar$ の因子を無視すれば，角運動量と同じ交換関係

$[L_x, L_y] = iL_z$ などが成立することを確かめることができる.

【問12】 4章の Appendix の $Y_{1\pm 1} = \mp\sqrt{\dfrac{3}{8\pi}}\sin\theta(\cos\phi \pm i\sin\phi)$ に対して，式（15）および（16）はどうなるか？

$$L^2|l, m\rangle = \hbar^2 l(l+1)|l, m\rangle \tag{15}$$

$$L_z|l, m\rangle = \hbar m|l, m\rangle \tag{16}$$

参考書・参考文献＋読書案内

[1] 朝永振一郎:「スピンはめぐる」, 中央公論社 (1974), みすず書房 (2008).

スペクトルの多重項をめぐる歴史的発展について書かれている. 電子の自転を古典的相対論と対応原理で正しい準位間隔を導いた, ランデの g 因子についても解説がある. pp.53-61（みすず書房版では pp.37-43）, 第2話「電子スピンとトーマス因子」から関係ある部分を一部改変して抜粋すると,

「排他原理によって, たくさんの準位が欠落するはずになります. ですから, パウリの考え方の是非を判断するには, あらゆる場合をあたってみて, この欠落に例外のないことを確かめる必要があります. そこでパウリは, ランデの集めたたくさんのデータの中に, この規則を破る例がないかを確かめようとしました. そのとき, パウリの考えからヒントを得て電子が自転するという仮説をたてようとしていた一人の青年に会ったのです. それはウーレンベック, カウシュミットたちより半年ばかり早く自転電子の着想を持つようになったクローニッヒです. 当時まだ20歳そこそこであったクローニッヒは1925年の正月, 多重項やゼーマン効果に興味を持ってアメリカからランデの研究室にやってきたのです. そのときランデはパウリから来た手紙をクローニッヒに見せたのですが, そこには『古典的記述不可能な二価性』のことが書いてありました. クローニッヒはこれを読んで, 直ちに自転電子の考えを思いつきました. すなわち電子は自転しており, 自転角運動量は1/2であり, それの g 因子は $g_0 = 2$ であるという考え方です. しかしパウリは, それにまったく興味を示さず, 冷淡な態度でクローニッヒを落胆させたようです. クローニッヒ自身も, 準位間隔が因子2だけ実験と食いちがうこと,

自転角運動量1/2を持つには非常に速い回転が必要で，電子表面の速度は光速の10倍にもなってしまうことなどからあまり自信がなく，発表することをやめてしまった．1925年の秋になってウーレンベックとカウシュミットの二人がクローニッヒとまったく同じ考えを発表しました．この二人はこの考えを投稿したあとで，ローレンツの意見をきいたところ，古典電子論では非常に考えにくいことだと言われて，あわてて論文をとりさげようとしたが間に合わなかった．こうして自転電子仮説が賛否両論のなかで揉みくちゃになっているとき，有名なトーマスの仕事があらわれました．トーマスは二重項準位間隔に関する理論と実験間の食いちがいは，電子の静止系のとりかたが誤っていたからだ，ということを明らかにしました．トーマスのやった計算は"電子が静止していて核がまわっている座標系"というのをそう簡単にあつかってはいかん，電子の加速度が0のときは正しいが，そうでないときは誤った答えが出る，という点を指摘しました」．

2008年に新版が出たのでぜひ読んでほしいと思う．

電子スピンに重要な役割を果たしたトーマス因子は，「スピンはめぐる」の第11話にも再び詳しく書かれているが，つぎの「古典力学」の本にも詳しい解説がある．

[2] H. C. Corben, P. Stehle: Classical Mechanics, 2nd ed., Dover (1950, 1960) pp.304-313. この本は決して古典力学の本ではない．角運動量を$\hbar$単位で計算する例題はこの本のp.5の表による．回転群に関しては，

[3] 山内恭彦：「回転群とその表現」，岩波書店 (1957); 吉川圭二：「群と表現」，岩波書店 (1996) 第7章；高橋 康：「物理数学ノートⅠ」，講談社 (1992) がわかりやすい．

[4] 2章文献[18]．クォータニオンの本として大変優れている．

[5] 第1章[1] 前期量子論論文集のSommerfeldとBohrの論文はスペクトル多重項の試行錯誤の時代の論文として読む価値がある．

[6] P. A. M. Dirac: The Principles of Quantum Mechanics, 4th ed., Oxford Clarendon (1958), みすず書房 (1963); 和訳は岩波書店．和訳より英語版のほうがわかりやすい

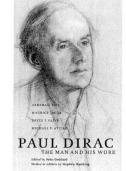

気がする.

[7] 問4の解答は,松平 他:「物理学演習」,p.43 (2章の文献[12]).

[8] 砂川重信:「理論電磁気学」,第2版,紀伊國屋書店 (1973) p.52, 134. 電子の回転速度が古典論の範囲では光速を超えることについて.

[9] 砂川重信:「量子力学」,岩波書店 (1991) 第4章. [8]と同様.

[10] L. I. Schiff: Quantum Mechanics, 3rd ed., McGraw-Hill (1968) pp.81-83. 遠心力ポテンシャルについて書かれている. スピン軌道相互作用については,

[11] 上村 洸,菅野 暁,田辺行人:「配位子場理論とその応用」,裳華房 (1969) p.182; N. J. B. Green: Quantum Mechanics 2: The Toolkit, Oxford Chemistry Primers 65 (1998) p.61 など参照.

2次元の回転行列の固有値と固有ベクトルを求めるのは,固有値問題のよい練習問題で,

[12] F. W. Byron, Jr., R. W. Fuller: Mathematics of Classical and Quantum Physics, Addison-Wesley, Reading (1969, 1970), Dover, New York (1992) p.138; 齋藤正彦:「線型代数入門」,東大出版会 (1966) p.133; D. McMahon: Quantum Mechanics, DeMYSTiFieD, McGraw-Hill, New York (2006) p.178. などで取り上げられている.

[13] ボーム 著,高林武彦 他訳:「量子論」,みすず書房 (1964) p.365. $(L_x + iL_y)$ の説明.

多重項の計算例は,

[14] J. Kawai, M. Takami, and C. Satoko: Multiplet structure in Ni Kβ X-ray fluorescence spectra of nickel compounds, *Phys. Rev. Lett.*, **65**, 2193-2196 (1990).

Ni^{2+} の3p→1s遷移による蛍光X線はKβ線と呼ばれるが,ピークの横にこぶのような構造が現れる.この原因はスピンの交換相互作用による多重項分裂であると長く信じられていた.菅野 暁は多重項の計算で一応実験スペクトルを再現することができたが,計算に用いた交換積分などの数値が固体中では非現実的な値を持つことに気づいていた.このことを又聞きで知った私は,7章の共有結合性の増大による電荷移動と多重項分裂とを組み合わせて Ni^{2+} のスペクトル形状を説明することに成功した.このときの計算は何冊ものノートに鉛筆で手計算したもので,一夏かけて,計算の途中でサム・ルールで計算をチェックしたり,文献

の過去の計算と比較しながら行きつ戻りつしてたどり着いた結果である．最終結果をプロットしたところ，実験 Ni^{2+} と多重項の計算が一発見事に一致したのをよく覚えている．

[15] S. S. Schweber: An Introduction to Relativistic Quantum Field Theory, Dover, NY (2005) p.26; Harper & Row, NY (1961).

モーメントについて

[16] 「モーメント（moment）」という単語は importance（重要さ）という意味で19世紀以前に力学で使われた用語である．ある軸の周りの力のモーメント（能率）とは，軸の回りで物体を回転させる power に相当する「力の重要さ」を意味した[A. M. Worthington: Dynamics of Rotation, An Elementary Introduction to Rigid Dynamics, Longman, Green & Co. (1891, 1920) 6th ed., p.7]．それが転じて，$r \times$(物理量)を「(物理量)のモーメント」と呼ぶ．てこの原理でわかるように，(腕の長さ)×力が importance である．滑車の回転は，力が作用している場所以外の不要な部分を取り除けば，てこになる．てこは仮想仕事の原理（わずかに釣り合いからずらしたとき，てこの両端の移動距離と力を掛けた仕事は等しい）から説明できる[エルンスト・マッハ：「マッハ力学史」（上），岩野英明 訳，ちくま学芸文庫(2006); 武谷三男：物理学入門（上）－力と運動－，岩波新書(1952)などを参照]．

統計学では平均を「1次のモーメント」，分散を「2次のモーメント」などと呼んでいる．

増　補

(1) ディラック方程式

アインシュタインの式 [p.24 式 (C3) より]

$$H^2 = m^2 c^4 + p^2 c^2$$

だから，シュレディンガー方程式は

$$H\psi = i\hbar \frac{\partial \psi}{\partial t}$$

従って

$$\sqrt{m^2 c^4 + p^2 c^2}\, \psi = i\hbar \frac{\partial \psi}{\partial t}$$

と表すことができる．ディラックは $\sqrt{}$ の中を

$$m^2 c^4 + p^2 c^2 = \left(c\alpha p + \beta m c^2\right)^2$$

というように何かの2乗で表すことができれば $\sqrt{}$ がとれることに気づいた．

$$\text{左辺} = m^2 c^4 + c^2 (p_x^2 + p_y^2 + p_z^2)$$

$$\begin{aligned}\text{右辺} &= c^2 (\alpha_x^2 p_x^2 + \alpha_y^2 p_y^2 + \alpha_z^2 p_z^2) + \beta^2 m^2 c^4 \\ &\quad + c^2 p_x p_y (\alpha_x \alpha_y + \alpha_y \alpha_x) + \cdots \\ &\quad + m c^3 p_x (\alpha_x \beta + \beta \alpha_x) + \cdots\end{aligned}$$

両辺を比較すると[1]

$$\begin{cases} \alpha_x^2 = \alpha_y^2 = \alpha_z^2 = \beta^2 = 1 \\ \alpha_x \alpha_y + \alpha_y \alpha_x = 0 \\ \alpha_y \alpha_z + \alpha_z \alpha_y = 0 \\ \alpha_z \alpha_x + \alpha_x \alpha_z = 0 \\ \alpha_i \beta + \beta \alpha_i = 0 \qquad (i = x, y, z) \end{cases}$$

これらの式を満たす α, β は行列で

$$\alpha_i = \begin{pmatrix} 0 & \sigma_i \\ \sigma_i & 0 \end{pmatrix}, \quad \beta = \begin{pmatrix} I & 0 \\ 0 & -I \end{pmatrix}$$

である．ここで，$\sigma_x, \sigma_y, \sigma_z$ はp.113のパウリ行列である．そうすればシュレディンガー方程式は

$$(c\alpha p + \beta m c^2)\psi = i\hbar \frac{\partial \psi}{\partial t}$$

となり，これが相対論的なシュレディンガー方程式，すなわちディラック方程式となる．

[1] R. Shankar: Principles of Quantum Mechanics, 2nd Ed., Springer (2008), §20, pp.564-565．

(2) オイラー−ラグランジュ方程式

オイラー−ラグランジュ方程式

$$\frac{d}{dt}\left(\frac{\partial L}{\partial \dot{x}}\right) - \left(\frac{\partial L}{\partial x}\right) = 0 \tag{1}$$

を最小作用の原理から導く[1]．

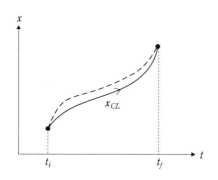

図1

$x_{CL}(t)$ を古典粒子経路とする．この経路では「作用」が最小となることがわ

かっている．$\eta(t)$ が古典粒子経路と図に破線で表した経路のへだたり（無限小の変位）を表すとすれば，両端点は固定されているので，

$$\eta(t_i) = \eta(t_f) = 0 \tag{2}$$

である．$s = \int_{t_i}^{t_f} dt L(x, \dot{x})$ すなわち，ラグランジアン L の経路 $x(t)$ にそった積分を「作用」と定義すれば，作用の無限小の変化は，

$$\begin{aligned}
\delta s &= s[x_{CL} + \eta] - s[x_{CL}] \\
&= \int_{t_i}^{t_f} dt \left[L(x_{CL} + \eta, \dot{x}_{CL} + \dot{\eta}) - L(x_{CL}, \dot{x}_{CL}) \right] \\
&= \int_{t_i}^{t_f} dt \left[\eta \frac{\partial L}{\partial x}\bigg|_{x_{CL}} + \dot{\eta} \frac{\partial L}{\partial \dot{x}}\bigg|_{x_{CL}} \right] \quad (\eta^2 \text{以上の項は無視}) \\
&= \int_{t_i}^{t_f} dt \left[\eta \frac{\partial L}{\partial x} + \frac{d}{dt}\left(\eta \frac{\partial L}{\partial \dot{x}}\right) - \eta \frac{d}{dt}\left(\frac{\partial L}{\partial \dot{x}}\right) \right]_{x_{CL}}
\end{aligned} \tag{3}$$

第2項を $\int$ の外へ出して

$$= \eta \frac{\partial L}{\partial \dot{x}}\bigg|_{t_i}^{t_f} + \int_{t_i}^{t_f} dt \eta \left[\frac{\partial L}{\partial x} - \frac{d}{dt} \frac{\partial L}{\partial \dot{x}} \right]$$

第1項は式 (2) からゼロになるので，$\delta s = 0$ となるためには古典粒子経路は

$$\frac{\partial L}{\partial x} - \frac{d}{dt} \frac{\partial L}{\partial \dot{x}} = 0$$

とならなければならない．

[1] A. Das: Lectures on Quantum Mechanics, 2nd ed., World Scientific (2012).

(3) $2p_{1/2}$ と $2p_{3/2}$ について

2p 軌道は,軌道角運動量量子数が $l = 1$ でスピンが 1/2 なので,その和の全角運動量量子数は $j = |l \pm s|$ で,$j = 1/2$ と 3/2 となる.j の z 軸成分は,$-3/2$, $-1/2$, $1/2$, $3/2$ で,これらを図示すると図1となる[1].

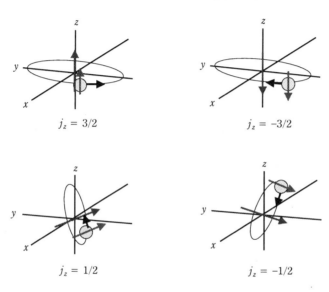

図1　j_z: 全角運動量の z 成分.

[1] 波戸芳仁私信および,Y. Namito, S. Ban, H. Hirayama: Azimuthal-angle depebdence of L x-ray intensity following photoionization of Pb, Au, and W atoms by a linearly polarized photon, *Phys. Rev.*, **A78**, 033419 (2008).

(4) 3章 p.46, 問1の答

科学史的な時代背景も考慮してボーアの論文 [*Phil. Mag.*, **26**, 1 (1913)] を向山 毅(京大化研)がまとめた講義ノートを,向山の許諾のもとに簡略化して説明する.

電子が電荷 $+e$ の原子核の周りを周回しているとき,クーロン引力=遠心力となるので,

$$\frac{e^2}{r^2} = mr\omega^2 = m\frac{v^2}{r} \tag{1}$$

$$\left[\text{なぜなら } \alpha = \frac{v^2}{r} \right]$$

となる.ここで $v = r\omega$ である.この関係を用いると電子の運動エネルギーは,式 (1) より,$mv^2 = \frac{e^2}{r}$ だから

$$E_{\text{kin}} = \frac{1}{2}mv^2 = \frac{1}{2} \cdot \frac{e^2}{r} \tag{2}$$

となる.すなわち,運動エネルギーの大きさはポテンシャルエネルギーの半分である(図1).電子が1周するのに要する時間は,

$$\begin{aligned} T &= \frac{2\pi r}{v} \\ &= \frac{2\pi}{v} \cdot \frac{e^2}{mv^2} \\ &= \frac{2\pi e^2}{mv^3} \end{aligned} \tag{3}$$

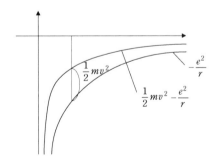

図1

となるので，周回の角振動数は

$$\omega = \frac{2\pi}{T} = \frac{mv^3}{e^2} \tag{4}$$

と書くことができる．ド・ブロイが電子の波動性を提唱したのは1924年だったので，電子軌道の周長がド・ブロイ波長の整数倍となることを用いずに，ボーアは1913年の論文で量子化条件を導いた．

ボーアは電子の束縛状態を，プランクの輻射理論と類似であると仮定した．プランクの輻射理論では，輻射によって放出される光子エネルギーは n を整数として，

$$E = n\hbar\omega \tag{5}$$

となるが，原子に束縛された電子の運動エネルギーも同様に

$$E = K\hbar\omega \tag{6}$$

と表されると仮定した．このようにボーアがプランクに倣って式 (6) を仮定しなかったら，量子数 n が導入されない．式 (4) を (6) に代入すると，

$$E_{\text{kin}} = K\hbar\frac{mv^3}{e^2} = \frac{1}{2}mv^2 \tag{7}$$

従って周回速度 v は，

$$v = \frac{e^2}{2K\hbar} \tag{8}$$

と求まる．この v を再び運動エネルギーの式 (7) に代入すると，

$$E_{\text{kin}} = \frac{1}{2}mv^2 = \frac{me^4}{8\hbar^2} \cdot \frac{1}{K^2} \tag{9}$$

が得られる．式 (6) より，$K\hbar\omega = \frac{me^4}{8\hbar^2} \cdot \frac{1}{K^2}$ なので，角振動数として，

$$\omega = \frac{me^4}{8\hbar^3} \cdot \frac{1}{K^3} \tag{10}$$

が得られる．ボーアは1913年の論文を書く前にラザフォードに手紙を送ったが，その段階ではバルマーの式は知らなかった．式 (10) を水素のスペクトルに対するバルマーの式

$$\hbar\Omega = A\left(\frac{1}{n_2^2} - \frac{1}{n_1^2}\right) \tag{11}$$

に一致させればよい．ここで Ω は2つの定常状態の差からもとまる輻射の角振動数，ω はそれぞれの定常状態で電子が周回する角振動数を表す．ボーアは式（9）のエネルギー差

$$\frac{me^4}{8\hbar^3}\left(\frac{1}{K_2^2} - \frac{1}{K_1^2}\right) \tag{12}$$

がバルマー系列の式に似るために，$K = cn$ と置いた．式（12）で2つの隣り合う定常状態間の電子遷移では，
$K_1 = cn$, $K_2 = c(n-1)$ と置いて，式（12）は，

$$\begin{aligned}\hbar\Omega &= \frac{me^4}{8\hbar^2} \cdot \frac{1}{c^2}\left(\frac{1}{(n-1)^2} - \frac{1}{n^2}\right) \\ &= \frac{me^4}{8\hbar^2} \cdot \frac{1}{c^2} \cdot \frac{2n-1}{n^2(n-1)^2}\end{aligned} \tag{13}$$

となる．光を放出する前後の電子の周回の角振動数は，式（10）より，

$$\omega_n = \frac{me^4}{8\hbar^3} \cdot \frac{1}{n^3 c^3}, \quad \omega_{n-1} = \frac{me^4}{8\hbar^3} \cdot \frac{1}{(n-1)^3 c^3} \tag{14}$$

となるが，n が大きなときには，n でも $n-1$ でもほぼ同じ角振動数となることが式（14）からわかる．輻射の角振動数と電子が原子核の周りを回転する角振動数もほぼ同じになるはずだとボーアは考えた．

$$\Omega = \frac{me^4}{8\hbar^3 c^2} \frac{2n-1}{n^2(n-1)^2} \simeq \frac{me^4}{8\hbar^3 n^3 c^3}$$

この式で $n \to \infty$ とすれば，$c = \frac{1}{2}$ でなければならない．したがって $K = \frac{n}{2}$ となる．
式（9）から運動エネルギーは，

$$E_{\text{kin}} = \frac{me^4}{8\hbar^2} \cdot \frac{1}{\left(\frac{n}{2}\right)^2} = \frac{me^4}{2\hbar^2 n^2}$$

式（10）より角速度は

$$\omega = \frac{me^4}{8\hbar^3} \cdot \frac{1}{\left(\dfrac{n}{2}\right)^3} = \frac{me^4}{\hbar^3 n^3}$$

式 (2) よりボーア半径は

$$r = \frac{e^2}{2E_{\text{kin}}}$$

$$= \frac{e^2}{2\dfrac{me^4}{2\hbar^2 n^2}}$$

$$= \frac{\hbar^2 n^2}{me^2}$$

束縛エネルギーは図1を参照すれば求まる．プランクは，2つの状態のエネルギー差が $\hbar\omega$ の整数倍と考えたが，ボーアは，電子の状態そのものが $\hbar\omega$ に比例すると考えた．

(5) 等角反射

ファインマンは必ずしも等角反射が生じなくてもよいと考えた．可能なすべての反射経路についてその位相も含めて和をとると，等角反射の近傍でだけ位相がそろって反射が強めあうが，鏡のほかの部分で反射された光はすぐ近傍で反射された光と位相が逆になって互いに打ち消しあうと説明した（図1）．等角反射の近

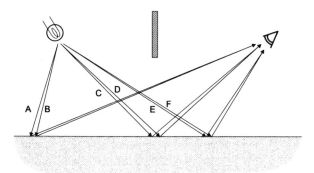

図1　さまざまな光路による光の反射．

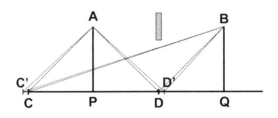

図2 位相の計算に用いる光路図.

傍の光路を通る光はCとDで位相がほぼ同じなので反射が強めあう．一方，AとBやEとFのような等角反射から離れた反射では位相の差が大きく，互いに打ち消しあう．従って，Aが入射する位置は鏡，Bが入射する位置は無反射体，が交互に縞模様になったグレーティングを使うなら，鏡の部分で反射された光の位相がそろい，決まった波長の光が反射される．このように全反射も回折も同じという考え方である．

このことを実際に計算してみることにする．

図2に示すような光源と検出器の系を仮定する．光源Aと検出器Bの直線距離は10 cm, A, Bは鏡CDの面から5 cm上に位置する．CはAからCDに下ろした垂線の足から左へ5 cmの位置，DはAとBから等距離の鏡の上の点である．C'はCから0.5 μm左の位置，D'はDから0.5 μm右の位置とする．光源Aから波長0.5 μmの単色光を発し，点Bの検出器で検出する．可視光の波長範囲は0.4〜0.8 μmなので，波長0.5 μmは緑色に相当する．このような配置でどの程度位相がずれるか実際に計算してみる．ピタゴラスの定理を使えば簡単に以下のような結果を得る．

$$\text{ADB} = \sqrt{50000^2 + 50000^2} + \sqrt{50000^2 + 50000^2}$$
$$= 141421.356 \text{ μm} = 282842.712 \text{ 波数}$$

$$\text{AD'B} = \sqrt{50000.5^2 + 50000^2} + \sqrt{49999.5^2 + 50000^2}$$
$$= 141421.356 \text{ μm} = 282842.712 \text{ 波数}$$

従って，最短経路の光路ADBを通ると，鏡の上で1波長ずれた場所で反射され

ても (AD'B),検出器の位置では位相はそろって強めあう.このとき等角反射になっている.一方等角反射ではない経路 ACB では,

$$\mathrm{ACB} = \sqrt{\overline{\mathrm{AP}}^2 + \overline{\mathrm{PC}}^2} + \sqrt{\overline{\mathrm{CQ}}^2 + \overline{\mathrm{QB}}^2}$$
$$= \sqrt{50000^2 + 50000^2} + \sqrt{150000^2 + 50000^2}$$
$$= 228824.561\ \mu\mathrm{m} = 457649.122\ 波数$$

$$\mathrm{AC'B} = \sqrt{50000.5^2 + 50000^2} + \sqrt{150000.5^2 + 50000^2}$$
$$= 228825.389\ \mu\mathrm{m} = 457650.778\ 波数$$

となるので,1波長離れた位置で反射された場合(AC'B)と比較して位相は波数で1.66 波数,角度で $1.66 \times (2\pi)$ ラジアンずれている.この反射位置では2/3波長の距離だけ離れれば位相が π ずれるわけである.1波長より近い位置は,もはやこの光で区別できる限界以下の距離であり,位置を区別できる限界以下の位置で反射された光でも位相が互いに打ち消しあうことを意味している.

光源 A を出発して反射するまでの項,

$$\sqrt{50000^2 + 50000^2}\ および\ \sqrt{50000.5^2 + 50000^2},$$

は等角反射でも非等角反射でも共通で,反射するまでの位相の差異はない.位相は経路全体の和をとってはじめて相殺することに注意すべきである.

このような位相によって光学系を解析する考え方は,たとえばハリデー・レスニクの本では「フェーザー」(phasor)と呼んでいる[3].

[1] 河合 潤:X線全反射の物理的な意味,X線分析の進歩,**42**, 75-82 (2011).
[2] 河合 潤:構造分析法,「ベーシックマスター分析化学」,蜷川芳子,小熊幸一,角田欣一 編,オーム社 (2013) 第9章.
[3] D・ハリデー,R・レスニク:「物理学II(下)-光と量子-」,鈴木 皇他訳,トッパン (1973) pp.104-107, 138, 157, 159. [D.Halliday, R.Resnik: Physics, Part II, Wiley, New York (1960, 1962)].

(6) 4章のレポート問題

【問題】

問 1. 行列 $H_0 = \begin{pmatrix} -9 & 0 \\ 0 & -1 \end{pmatrix}$ について，固有値は何か？固有ベクトルを求めよ．固有ベクトルは規格化せよ．

問 2. 図1のように原子Aが原子軌道 χ_A をもち，そのエネルギーが -9 eV である．原子Bは原子軌道 χ_B をもち，そのエネルギーは -1 eV である．原子Aと原子Bとがイオン結合を形成した．このとき共鳴積分 β は $\beta = \langle \chi_A | H | \chi_B \rangle = -2$ eV であった．重なり積分 $S = \langle \chi_A | \chi_B \rangle = 0.1$ とするとき，この系のハミルトニアン H を書き下し，$|a\rangle, |b\rangle$ と E_a, E_b を求めよ．

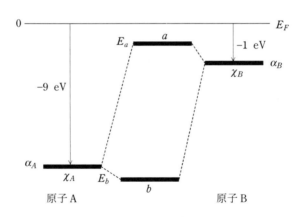

図1

【解答】

問 1. 省略．

問 2. $S = 0$ とみなせば，

行列 $\begin{pmatrix} -9 & -2 \\ -2 & -1 \end{pmatrix}$ の固有値と固有ベクトルを求める問題と等価．

増 補

特性方程式は

$$\begin{vmatrix} -9-\lambda & -2 \\ -2 & -1-\lambda \end{vmatrix} = 0$$

なので,

$(-9-\lambda)(-1-\lambda)-(-2)(-2) = 0$

$(9+\lambda)(1+\lambda)-4 = 0$

$\lambda^2 + 10\lambda + 5 = 0$

$$\lambda = \frac{-10 \pm \sqrt{100-4\cdot 5}}{2} = \frac{-10 \pm \sqrt{80}}{2} = \begin{cases} \dfrac{-10+8.94}{2} = -0.53\,\mathrm{eV} = E_a \\ \dfrac{-10-8.94}{2} = -9.47\,\mathrm{eV} = E_b \end{cases}$$

行列の対角和 $=-9-1=-10$ が,λ の和 $-9.47-0.53=-10$ でも保存される.固有ベクトルは各自求めよ.

$S=0$ とするとき,ハミルトニアン $H = \begin{pmatrix} -9 & -2 \\ -2 & -1 \end{pmatrix}$ を次のように分解する.

$$H = H_0 + H' = \begin{pmatrix} -9 & 0 \\ 0 & -1 \end{pmatrix} + \begin{pmatrix} 0 & -2 \\ -2 & 0 \end{pmatrix}$$

$$= \begin{pmatrix} \alpha_A & 0 \\ 0 & \alpha_B \end{pmatrix} + \begin{pmatrix} 0 & \beta \\ \beta & 0 \end{pmatrix}$$

このとき,0次の摂動エネルギーは H_0 の対角項,

 1次の摂動エネルギーは H' の対角項,

 2次の摂動エネルギーは $(H'$ の非対角項$)^2$ をエネルギー分母で割ったものとなるので(第4章),

$$E_b = \alpha_A + 0 + \frac{\beta^2}{\alpha_A - \alpha_B} = -9 + \frac{(-2)^2}{(-9)-(-1)} = -9.5\,\mathrm{eV}$$

$$E_a = \alpha_B - \frac{\beta^2}{\alpha_A - \alpha_B} = -1 - \frac{(-2)^2}{(-9)-(-1)} = -0.5\,\mathrm{eV}$$

となって特性方程式を解いたときとほぼ同じ値を得る.

 対角項の差 $|9-1|=8$ に比べて非対角項の大きさがどの程度かが重要である.

$S = 0.1 \neq 0$ のときについて考える.

$|b\rangle = C_1 \chi_A + C_2 \chi_B$ とすると, シュレディンガー方程式は,

$H|b\rangle = E|b\rangle$ だから, 左から $\langle b|$ をかけて,

$\langle b|H|b\rangle = E\langle b|b\rangle$.

$$E = \frac{\langle b|H|b\rangle}{\langle b|b\rangle} = \frac{\langle C_1\chi_A + C_2\chi_B|H|C_1\chi_A + C_2\chi_B\rangle}{\langle C_1\chi_A + C_2\chi_B|C_1\chi_A + C_2\chi_B\rangle}$$

$$= \frac{C_1^2\langle\chi_A|H|\chi_A\rangle + 2C_1C_2\langle\chi_A|H|\chi_B\rangle + C_2^2\langle\chi_B|H|\chi_B\rangle}{C_1^2\langle\chi_A|\chi_A\rangle + 2C_1C_2\langle\chi_A|\chi_B\rangle + C_2^2\langle\chi_B|\chi_B\rangle}$$

$$= \frac{C_1^2\alpha_A + 2C_1C_2\beta + C_2^2\alpha_B}{C_1^2 + 2C_1C_2S + C_2^2}$$

$$\left(C_1^2 + 2C_1C_2S + C_2^2\right)E = C_1^2\alpha_A + 2C_1C_2\beta + C_2^2\alpha_B$$

$\dfrac{\partial E}{\partial C_1} = \dfrac{\partial E}{\partial C_2} = 0$ となることが, エネルギー最小となるために必要な条件であるから, 両辺を C_1 で偏微分して,

$$E\frac{\partial}{\partial C_1}\left(C_1^2 + 2C_1C_2S + C_2^2\right) + \left(C_1^2 + 2C_1C_2S + C_2^2\right)\frac{\partial E}{\partial C_1}$$

$$= \frac{\partial}{\partial C_1}\left(C_1^2\alpha_A + 2C_1C_2\beta + C_2^2\alpha_B\right)$$

$$\Leftrightarrow E(2C_1 + 2C_2S) = 2C_1\alpha_A + 2C_2\beta$$

同様に両辺を C_2 で偏微分して,

$$E(2C_1S + 2C_2) = 2C_2\alpha_B + 2C_1\beta$$

C_1 と C_2 を未知数とする連立方程式とみて,

$$\begin{bmatrix} \alpha_A - E & \beta - ES \\ \beta - ES & \alpha_B - E \end{bmatrix}\begin{bmatrix} C_1 \\ C_2 \end{bmatrix} = 0$$

この特性方程式は $\begin{vmatrix} \alpha_A - E & \beta - ES \\ \beta - ES & \alpha_B - E \end{vmatrix} = 0$ となる. また,

$$\begin{bmatrix} \alpha_A & \beta-ES \\ \beta-ES & \alpha_B \end{bmatrix} \begin{bmatrix} C_1 \\ C_2 \end{bmatrix} = E \begin{bmatrix} C_1 \\ C_2 \end{bmatrix}$$

と書き直せば $H = \begin{bmatrix} \alpha_A & \beta-ES \\ \beta-ES & \alpha_B \end{bmatrix}$ がハミルトニアン, E が固有値, $\begin{bmatrix} C_1 \\ C_2 \end{bmatrix}$ が固有ベクトルである.

特性方程式を書き下すと,

$$(-9-E)(-1-E)-(-2-E\cdot 0.1)^2 = 0$$

$$0.99E^2 + 9.6E + 5 = 0$$

$$E = \frac{-b \pm \sqrt{b^2-4ac}}{2a} = \frac{-9.6 \pm \sqrt{72.36}}{1.98} = \begin{cases} -0.56 \text{ eV} \\ -9.14 \text{ eV} \end{cases}$$

$$H = \begin{bmatrix} \alpha_A & \beta-ES \\ \beta-ES & \alpha_B \end{bmatrix} = \begin{pmatrix} \alpha_A & 0 \\ 0 & \alpha_B \end{pmatrix} + \begin{pmatrix} 0 & \beta-ES \\ \beta-ES & 0 \end{pmatrix} = H_0 + H'$$

と展開すれば, 4章の式を開いて,

$$E_b = \alpha_A + 0 + \frac{(\beta - \alpha_A S)^2}{\alpha_A - \alpha_B}$$

$$= -9 + 0 + \frac{[(-2)-(-9)\cdot 0.1]^2}{(-9)-(-1)} = -9.15 \text{ eV}$$

$$E_a = \alpha_B - \frac{(\beta - \alpha_B S)^2}{\alpha_A - \alpha_B} = -0.55 \text{ eV}$$

あ と が き

　著者は中学入学が当時の新課程の初年度でそのとき初めて集合が中学数学に取り入れられた．今にして思い出すと，著者の出身の岐阜大学附属中学の数学の先生たちはずいぶんと意欲的な試みをしたように思う．それは公理論的な代数だった．四則演算が，加法と乗法に還元できることを習い，加法・乗法の単位元・逆元などや加法・乗法の間の分配則が成り立つことを習った後，$(-1) \times (-1) = (+1)$ を証明しなさい，という宿題が出た．宿題が出された夜，自宅の食卓で少し考えると簡単に証明できた．クラスの大部分が翌日証明出来ていたのを覚えている（上の公理をもとに証明してみてください．末尾に解答あり）．本書は，$(-1) \times (-1) = (+1)$ を覚えて計算練習するのではなく，このときの経験のように，心から納得して理解することを目指したが，十分にこの目的を達成できたか自信はない．

　本書は他の量子力学の本とかなり違うことを感じている．本書の主人公は (i) ポアンカレ，ゾンマーフェルト，デュアン，ランデ，クローニッヒ，スレーター，クラマース，ボーム，スメカル，トーマスらである．通常の量子力学の教科書の主人公は，(ii) プランク，アインシュタイン，ボーア，ブラッグ，パウリ，シュレディンガー，ハイゼンベルク，ディラック，コンプトン，ラマンである．どこが違うかわかるでしょうか？いろいろな解答があると思う．形式的には，グループ (i) はノーベル賞非受賞者で (ii) は受賞者である．本質的な違いは，(i) は古典力学の延長・初期量子論で量子力学を創った人，(ii) は量子跳躍をして（$\int \to \sum$ や数 $ab \to$ 行列 AB への置換え）量子力学を創った人である．あまりに対応が見事なことに，本書を書き終えて改めて驚いている．

$$\text{Poincaré} \Leftrightarrow \text{Einstein}$$
$$\text{Sommerfeld} \Leftrightarrow \text{Bohr}$$
$$\text{Landé} \Leftrightarrow \text{Pauli}$$

Duane ⇔ Compton
Slater ⇔ Schrödinger
Kramers ⇔ Heisenberg
Smekal ⇔ Raman
Thomas ⇔ Dirac

　各章の末尾では，参考書として Quantum Mechanics というような題名の単行本を多く紹介した．たいていは量子力学のスタンダードな教科書として有名なものばかりである．これらのうちからどの本でもかまわないので，気になった本を1冊，購入できればベストだが，また可能ならば翻訳ではなく和・英どちらでも原書で，それを手始めにぼろぼろになるまでとことん読んでほしいと思う．

$(-1)\times(-1) = x$ と置く．x が $(+1)$ であることを証明すればよい．この式の両辺に同じ数 $(-1)\times(+1)$ を加えても，等式は成立するので，

$$(-1)\times(-1)+(-1)\times(+1) = x+(-1)\times(+1).$$

分配法則の逆を使うと，

$$(-1)\times\{(-1)+(+1)\} = x+(-1).$$

右辺で $(+1)$ が乗法の単位元であることを使った．
左辺で (-1) と $(+1)$ が逆元の組で，和が加法の単位元 0 になることを使うと，

$$(-1)\times 0 = x+(-1)$$

左辺を計算して

$$0 = x+(-1).$$

両辺に $(+1)$ を足すと，$x = (+1)$ であることが証明できた．

索　引

[数字・英字]

2次X線 ……………………………… 19
BKS理論 …………………………… 39
g 因子 ……………………………… 109
$K\alpha$ 線 ……………………………… 19
LCAO-MO ………………………… 50
LS 結合 …………………………… 109
NaCl ……………………………… 50
π 軌道 ……………………………… 85
σ 軌道 ……………………………… 85
WKB 近似 ……………………… 71, 73
X 線吸収分光 ……………………… 77
X 線光電子スペクトル …………… 78
X 線コンプトン散乱 ………………… 9
X 線スペクトル …………………… 89
X 線の反射 …………………………… 7
X 線ラマン散乱 ………………… 9, 98

[あ行]

アンテナ …………………………… 29
イオン化エネルギー ……………… 35
イオン結晶 ………………………… 47
位相 ………………………………… 61
位相空間 …………………………… 2
位相速度 ……………… 17, 18, 22, 29
ウィルソン ………………………… 2
ヴィーンの式 ……………………… 60
ヴェンツェル－クラマース－ブリリュアン
　……………………………… 71
運動方程式 ………………………… 3
エルミート演算子 ……………… 115
エルミート共役 ………………… 114
エルミート行列 …………………… 22

エルミートの多項式 …………… 5, 70
円偏光 …………………… 27, 29, 30
オイラー－ラグランジュの方程式 … 3, 121
応答（電子の） …………………… 77
オーバートーン …………………… 38

[か行]

ガイスラー管 ……………………… 35
外積 ………………………………… 28
回転エネルギー …………………… 96
回転行列 …………………………… 28
回転スペクトル …………………… 96
回転電流 …………………………… 27
ガウス関数 ………………………… 20
ガウス分布 ………………………… 22
角運動量 ………………… 25, 96, 105
隠れた変数の量子力学 …………… 40
慣性質量 …………………………… 24
慣性モーメント ……………… 96, 106
緩和 ………………………………… 78
緩和効果 …………………………… 67
基底状態 …………………………… 80
軌道角運動量 ………………… 109, 123
共鳴吸収 …………………………… 63
共鳴積分 …………………………… 85
空孔寿命 …………………………… 19
クォータニオン ………… 28, 30, 112
クープマンスの定理 ……………… 83
クラマース－ハイゼンベルク方程式
　………………………… 39, 98, 102
グリーン関数 ……………………… 73
クーロンゲージ ………………… 100
群速度 …………………… 18, 19, 22, 29

蛍光 X 線 ……………………………… 19
経路積分法 …………………………… 73
結合性軌道 ………………………… 77, 85
項 ……………………………………… 36
光学ガス ……………………………… 57
光学遷移 ……………………………… 57
交換関係 ………………………………… 5
後期遷移金属 ………………………… 82
光子の運動量 ………………………… 7
光子の慣性質量 ……………………… 24
光子のスピン ……………………… 25, 29
光電子分光 ………………………… 77, 83
黒体 …………………………………… 57
古典軌道 ……………………………… 4
古典電子半径 ………………………… 108
固有関数 …………………………… 47, 87
固有値 …………………………… 47, 87, 130
コンプトン散乱 ……………………… 12

[さ行]

最小作用の原理 ……………………… 13
サム・ルール ……………………… 53, 81, 83
作用 ……………………………… 2, 13
作用積分 ……………………………… 4
磁気双極子モーメント ……………… 64
磁場 …………………………………… 26
自発放射 ……………………………… 58
重心 …………………………………… 87
周波数 ………………………………… 17
重力質量 ……………………………… 25
縮退 …………………………………… 47
シュレディンガー方程式 …… 2, 33, 47, 120
真空のゆらぎ ………………………… 60
シンクロトロン放射光 …………… 29, 101
振動スペクトル ……………………… 96
スネル ………………………………… 14
スネルの法則 ………………………… 14

スピン ………………………………… 77
スピン角運動量 ……………………… 109
スピン-軌道相互作用 …………… 19, 111
スペクトル・ターム ………………… 36
スメカル ……………………………… 39
スメカル-ラマン分光 ……………… 97
静止質量 ……………………………… 29
生成・消滅演算子 ………………… 5, 69
赤外吸収スペクトル ………………… 96
赤方偏移 ……………………………… 29
摂動 …………………………………… 47
ゼーマン効果 ………………………… 26
ゼロ点エネルギー ………………… 5, 73
零点振動 ……………………………… 4
遷移金属 ……………………………… 77
全角運動量 ……………………… 109, 123
前期量子論 …………………………… 2
速度ポテンシャル …………………… 40
ゾンマーフェルト …………………… 2
ゾンマーフェルト-ウィルソンの量子化条件
………………………………………… 2
ゾンマーフェルトの楕円軌道 ……… 37

[た行]

対応原理 ……………………………… 37
対角成分の和（トレース）…………… 91
第二量子化 …………………………… 76
ターム ………………………………… 36
単振動 ………………………………… 4
調和振動子 …………… 2, 37, 67, 69, 95
定常状態 ……………………………… 4
ディラック …………………………… 50
ディラック方程式 …………………… 120
デカルト ……………………………… 14
デュアン ……………………………… 8
電荷移動 ……………………………… 84
電気四重極遷移 ……………………… 64

索 引

電気双極子近似 …………………… 65
電気双極子モーメント ………… 38, 64
電子スピン …………………………… 26
電子スペクトル ……………………… 96
電子相関効果 ………………………… 67
等角反射 …………………………… 127
等価原理 ……………………………… 25
等速円運動 …………………………… 96
時計回り …………………………… 106
ドップラーシフト ………… 9, 12, 25
ド・ブロイ ……………………… 4, 125
ド・ブロイの関係式 ………………… 18
ド・ブロイ波長 …………………… 4, 71
トムソン散乱 ………………………… 38

[な行]

内殻軌道 ……………………………… 77
内殻空孔 ………………… 47, 79, 80, 88
長岡模型 ……………………………… 1

[は行]

配位子 ………………………………… 78
ハイゼンベルクの不確定性原理 … 19, 22
配置間相互作用 ……………………… 77
パウリ行列 ………………………… 113
波束 …………………………… 18, 19
パッシェン …………………………… 35
波動性 ………………………………… 7
場の量子化 …………………… 61, 67
ハミルトニアン …………… 3, 99, 130
ハミルトン形式 ……………………… 3
バルマー ……………………………… 35
バルマーの公式 ……………………… 36
半値幅 ………………………………… 19
反結合性軌道 …………………… 77, 85
反時計回り ………………………… 106
光の偏光 ……………………………… 26
非局在化 ……………………………… 87

微細構造定数 …………………… 108
表面速度 ………………………… 108
ファインマン ……………… 73, 127
フェルマーの原理 …………… 13, 16
フェルミーディラック統計 ……… 60
フォノン ………………………… 68
ブラケット ……………………… 50
プラズモン ……………………… 68
ブラッグ回折 …………………… 1
プランクの式 …………………… 58
フーリエ変換 …………………… 20
平衡状態 ………………………… 59
ベクトルポテンシャル ……… 74, 99
ボーアーゾンマーフェルトの量子化条件
………………………………… 2
ボーアの量子化条件 ………… 4, 125
ボーア半径 …………………… 36, 127
ポアンカレ ……………………… 2
「方法序説」 …………………… 14
ボーズーアインシュタイン統計 … 60
ボーズ粒子 ……………………… 60
ボーム ………………………… 40
ボルツマン分布 ………………… 60

[ま行]

マクスウェルーボルツマン統計 …… 60
マーデルング …………………… 40
マリケン・シンボル …………… 90
右ネジ …………………………… 28
メスバウアー効果 ……………… 25

[や行]

誘導吸収 ………………………… 58
誘導放出 …………………… 58, 69
ユカワポテンシャル …………… 24
ユニタリー行列 ……………… 114

[ら行]

ライプニッツ …………………… 16

ライマン ……………………… 35	リュードベリ ……………………… 35
ライマン系列 ………………… 20	量子化条件 ………………………… 2
らせん ………………………… 29	零点振動 …………………………… 4
ラマン効果 …………………… 39	レーザー ………………… 57, 61, 101
ラマン散乱 …………………… 98	レーリー–ジーンズの式 ………… 57
ランデの g 因子 ………… 97, 109	連続の式（流体の） ……………… 40
リッツ ………………………… 36	ロバートソン …………………… 21
リッツの結合則 …… 36, 38, 102	ロバート・フック ……………… 28
粒子性 ………………………… 7	ローレンツ関数 ………………… 20
粒子説 ………………………… 14	[わ行]
流体力学 ……………………… 40	ワイル …………………………… 21

河合　潤（かわい　じゅん）

1957年	生まれる，岐阜県出身
1973年	岐阜大学附属中学校卒
1976年	県立岐阜高校卒
1982年	東京大学工学部工業化学科卒
1985年	分子科学研究所受託大学院生（理論研究系）
1986年	東京大学博士課程中退，東大生産技術研究所技官
1989年	東大工博，東大生産研助手，理化学研究所基礎科学特別研究員
1993年	京都大学工学部助手
1994年	京都大学工学部助教授
2001年	京都大学大学院工学研究科教授

増補改訂
量子分光化学 —分光分析の基礎を学ぶ—

2008年11月20日　初版第1刷発行
2015年 3月 5日　増補改訂版第1刷発行

著　　者　河合　潤
発 行 者　青木　豊松
発 行 所　株式会社 アグネ技術センター
　　　　　〒107-0062 東京都港区南青山5-1-25 北村ビル
　　　　　TEL 03 (3409) 5329（代表）／ FAX 03 (3409) 8237
　　　　　http://www.agne.co.jp/books/　振替 00180-8-41975
印刷・製本　株式会社 平河工業社

© Jun KAWAI, 2008, 2015
Printed in Japan

落丁本・乱丁本はお取り替えいたします．
定価の表示は表紙カバーにしてあります．

ISBN978-4-901496-75-9　C3043

アグネ技術センター　出版案内
Tel 03-3409-5329　Fax 03-3409-8237　http://www.agne.co.jp/

改訂 電気化学 ―問題とその解き方―

増子　昇・高橋正雄　著，B5判143頁，定価（本体1,844円＋税）

水溶液，溶融塩などのイオン伝導体と金属，半導体など電子伝導体とが接する界面で起こる金属腐食，めっき，エッチング，製錬，電池，イオン交換などの現象を理解するために，「電気化学」を体系だてて使うようにするために書かれた演習書．

＊＊＊＊＊＊

改訂 化学熱力学の基礎演習問題
―解けばわかる化学熱力学の基礎―

香山滉一郎　訳，B5判197頁，定価（本体2,400円＋税）

化学熱力学をさらに深く理解するために書かれた演習書．状態量の差を無理なく理解できる問題，問題に出された物質の変化の意味が容易にわかる問題，特殊な考え方を必要としない素直な問題など，化学熱力学の基礎的な問題を取り上げている．

＊＊＊＊＊＊

化学電池の材料化学

杉本克久　著，A5判255頁，定価（本体2,800円＋税）

化学電池の歴史的変遷，電池の構造と構成材料，電池機能の理解に必要な電気化学理論を解説．携帯電子機器，電気自動車などの原料として省エネ・環境問題解決の鍵を握る高性能化学電池の開発指針を，材料システムの観点から示す．

＊＊＊＊＊＊

電気と磁気の物語

米満　澄　著，A5判331頁，定価（本体2,800円＋税）

電磁場に関するマクスウェルの方程式をできる限り数式を使わずに，電磁気学の本質を理解できるように書かれたユニークな書．電磁気学で説明される個々の現象を，イメージによってわかるよう様々な工夫が為されている．

＊＊＊＊＊＊

―ファインマンを解く― 経路積分ゼミナール

米満　澄・高野宏治　著，B5判247頁，定価（本体3,500円＋税）

―経路積分―は，巨視的な世界を記述する「古典力学」と，微視的な世界を記述する「量子力学」を，同じ観点から結びつけるのに必要不可欠なものである．本書は経路積分の古典ともいうべき"Feynman and Hibbs: Quantum Mechanics and Path Integrals"（邦訳「経路積分と量子力学」）所収の練習問題の解と本文の難解と思われる個所に注釈を記述．

アグネ技術センター　出版案内

Tel 03-3409-5329　Fax 03-3409-8237　http://www.agne.co.jp/

「金属」2014/9 臨時増刊号

ハンドヘルド蛍光 X 線分析の裏技

遠山惠夫・河合 潤 編著，B5判92頁，定価（本体価格1,600円＋税）

誤った使用法によって生ずる感度低下や，偽ピークについても原理と共に詳説．

[ハンドヘルドならではの測定例]　高所での測定／1日の測定試料数2000個以上の大量分析／5秒以内の鋼種判定／地面を直接測定する土壌分析／内蔵GPSを使った鉱脈探し／高温パイプの劣化度チェック／文化財の非接触測定　など．

＊＊＊＊＊＊

いにしえの美しい色 —X線でその謎に迫る—
（ツタンカーメンから，陶磁器，仏教美術まで）

宇田応之 著，A5判235頁・CD-ROM付，定価（本体3,600円＋税）

ツタンカーメンの黄金のマスクや玉座，国内外の古い陶磁器などにはどんな色がどう使われ，なぜ褪色せずに残ったのか．独自に開発したX線分析装置を使い，その美しい色の謎に迫る．著者自身が撮影したカラー写真を多数掲載．「金属」連載記事，実測データを収録したCD-ROM付．

＊＊＊＊＊＊

四則算と度量衡とSIと
—単位の名前は科学者のかたみ—

白石 裕 著，A5判147頁，定価（本体1,800円＋税）

身体尺からはじまり身近な話題を例に挙げながら，加算・非加算性，四則演算，次元，組立単位へと興味をつなぎ，単位名に残された科学者たちの足跡をたどりながらSIに至る単位の成り立ちを解説．物理量の定義や輸送現象に関する無次元数など，理工学分野の学生，研究者に参考になる書である．

＊＊＊＊＊＊

金属用語辞典

金属用語辞典編集委員会　編著
B6判ビニール上製507頁，定価（本体3,500円＋税）

見出し語3,400余語．広い意味での金属学の用語を集め，基礎的な術語を中心にしながら，製造現場で使われていることば，材料名，今も使われている歴史的ことばから新しいものまで，できるだけ多くの用語を収録．